国家基金委－山东省联合基金重点项目（U1806210）、
国家自然科学基金重点项目（41731280）资助

滨海地下水库运行评价体系构建与应用

董　杰　刘洪华　江国会　郑西来　著

中国海洋大学出版社
·青岛·

图书在版编目(CIP)数据

滨海地下水库运行评价体系构建与应用/董杰等著.
—青岛:中国海洋大学出版社,2019.9
ISBN 978-7-5670-2408-3

Ⅰ.①滨… Ⅱ.①董… Ⅲ.①地下水库—水库管理
Ⅳ.①TV62

中国版本图书馆CIP数据核字(2019)第208228号

出版发行 中国海洋大学出版社
社　　址 青岛市香港东路23号　　邮政编码 266071
出 版 人 杨立敏
网　　址 http://pub.ouc.edu.cn
电子信箱 369839221@qq.com
订购电话 0532-82032573(传真)
责任编辑 韩玉堂　　电　　话 0532-85902349
印　　制 日照日报印务中心
版　　次 2019年10月第1版
印　　次 2019年10月第1次印刷
成品尺寸 185 mm×260 mm
印　　张 7.5
字　　数 160千
印　　数 1—1000
定　　价 36.00元

发现印装质量问题,请致电18663037500,由印刷厂负责调换。

近年来，由于对地下水的不合理开采，地下水资源不断减少。为了调蓄和合理开采地下水资源，人类采用地下水库来增加地下水资源。但是，对于地下水库建成后的运行效果，目前还没有一个完整的评价体系。

在山东省水文局、青岛市水文局、大沽河管理处、胶州市水文局、莱西市水文局等部门的大力支持下，青岛地质工程勘察院董杰、刘洪华、江国会与中国海洋大学郑西来共同合作，在广泛吸收国内外最新研究成果的基础上，选择山东半岛已建和宜建地下水库，系统收集和整理气象、水文、地质和水文地质资料，建立地下水库运行效果的评价指标及方法，并对大沽河地下水库进行了系统的评价。主要研究成果有以下几方面。

1. 在系统分析地下水库水文地质条件基础上，重点研究了地下水库的水量、水质、脆弱性、安全、调蓄能力、管理以及经济社会等要素，建立了一个综合科学的技术体系，用于评估地下水库的运行效果。指标体系由四个层次组成，即目标层、准则层、要素层和指标层。其中，准则层由三个系统组成：供水效应，环境保护效应，经济和社会效益；要素层包括水量、水质、污染源、脆弱性、投资、效益等6项要素；指标层为各要素层下的具体计算和评价的指标类别，共包含29项。

2. 从权重确定、算子选择以及综合评判结果的向量分析等方面，对评价模型进行了优化和改进。与传统模糊综合评价模型相比，该模型具有隶属度计算简便、隶属信息不丢失的优点。

3. 通过对大沽河地下水库运行效果的全面评价，可以得出以下评价结果：

（1）由于地下水库的修建，该区域的地下水水量指标得到保障，地下水开采率和地下水可开采率都属于安全范围。

（2）由于模糊关系矩阵可以看出，地下水水质偏向于第五等级，属于极不安全范围，其主要原因是地下水中硝酸盐严重超标。

（3）研究区的化肥施用负荷介于第二和第三等级之间，存有潜在安全风险；农药使用负荷得到了有效控制，属于安全范围；由于大量污水处理厂的建设，库区的污水处理率达到了95.85%，属于理想安全的范围。

（4）该区地下水埋深较浅，含水层岩性主要为粗砂和中粗砂，上覆土层主要为砂、砂质亚黏土。含水层具有良好的渗透性，脆弱性介于第三和第四之间。该区域易受污染。

（5）大沽河地下水库的修建产生了巨大的经济社会效益，效益投资比为2.09，属于高度可行的项目。

在本课题的研究过程中，先后得到山东水文局刘江处长、中国海洋大学刘贯群教授的指导和帮助。此外，中国海洋大学环境科学与工程学院博士研究生张博、于璐、刘洋、方运海和硕士研究生李敏、李欣等参加了该项目的试验和研究工作。本书第1章由董杰撰写，第2章由董杰、刘洪华撰写，第3章由董杰、江国会、郑西来撰写，第4章由董杰、刘洪华撰写，第5章由董杰撰写，第6章由董杰撰写，第7章和附录由董杰撰写。最后，全书由董杰、郑西来负责统一整理和编撰。

在此，作者谨向给予本课题和本书关心、支持与帮助的各位领导、专家学者以及亲友们致以诚挚的谢意！

由于作者水平有限，书中难免有不妥之处，敬请各位同行和专家及读者批评指正。

作　者

2019年8月16日于青岛

目 录

CONTENTS

第1章

国内外研究现状

1.1 地下水水质评价

1.1.1 评价方法

1960年开始，地下水污染问题一直受到水文地质学者和环境科学家的关注[1-4]。20世纪70年代初，我国提出了第一个综合表示水质污染情况的综合污染指数，其目的是期望用一种最简单的、可以进行统计的数值来评价在多种污染物质影响下水质的污染情况。进入80年代，随着计算机技术的快速发展，现代数学理论开始应用于水质评价，模糊数学、灰色系统和人工智能等理论方法与计算机技术相结合的方法在水质评价研究中变得相当活跃。自90年代以来，作为人工智能一部分的BP神经网络模型逐渐被引入到水质综合评价中，有不少运用BP网络对我国的水环境质量进行划分和综合评价的研究报道。

近年来，国内外学者已将多种方法用于评价地下水水质状况，最常用的有单因子指数法、F值法和内梅罗指数法。后来在国内外学者的努力下，又创建了模糊综合评价、可变模糊集理论、集对分析法、BP神经网络法、投影寻踪法、模糊物元法、灰色关联法、主成分分析法等方法。这些方法各有优劣，相比传统的单因子评价法和内梅罗指数法，这些方法能够反映出水质评价过程中的模糊性、灰色性、不相容性等不确定性，能够较好地反映出地下水水质应有的等级，对地下水体有一个整体性的评价。同样，这些方法也有各自的缺点，例如模糊综合评价法、灰色聚类方法等需要构造大量的效用函数，一旦指标较多，函数的设计和计算量将会很大；层次分析法会带有很强的人为性；神经网络法在训练过程中容易出现局部极小、得不到全局最优或收敛速度过慢等问题；投影寻踪法主要是编程相对复杂，使用不方便。传统的单因子评价法等虽然存在片面性和一定的夸大性，但是计算简单、运用方便，因此被我国编入地下水环境质量评价标准里。同时，近年来一些经过改进的水质评价方法也不断涌现，例如李祚泳等提出基于免疫进化算法改进的水质评价方法[5]；韩晓刚等建立基于主成分分析的模糊综合评价模型，对水厂水质进行了评价[6]。

1.1.2 权重的确定方法

确定权重的方法主要分为客观赋权法和主观赋权法两大类。客观赋权法是按照资料数据所反映的统计信息给指标赋权，如均方差法、熵权法、主成分分析法、聚类权法等；主观赋权法是结合专业知识和专家经验来确定指标权重，包括层次分析法、灰色关联度分析法等。主、客观赋权法各有优缺点。比如，客观赋权法不受主观因素影响，条理清晰，但有时得到的结果难以从专业上解释；而主观赋权法在一定程度上比较权威，但难免有一些主观随意性。

均方差法是以各评价指标为随机变量，各方案在各指标下的无量纲化的属性值为该随机变量的取值，求出这些随机变量的均方差，即为各指标的权重系数。

熵值法（Entropy Method，EM）是一种根据各项观测值所提供的信息量的大小来确定指标权重的方法。在信息论中，熵值反映了信息的无序化程度，熵越大，有序程度越低，不确定性越大；反之，熵越小，其有序程度越高，不确定性越小。故可用信息熵评价所获系统信息的有序度及其效用，即由评价指标值构成的判断矩阵来确定指标权重。

主成分分析法（Principal Components Analysis，PCA）是利用降维的思想，通过研究指标体系的内在结构关系，把多指标转化成少数几个独立而且包含原有指标大部分信息的综合指标的多元统计方法。主成分分析法可消除评价指标之间的相互影响，减少指标选择的工作量，但这种方法确定的权重没有充分考虑指标本身的相对重要程度。

层次分析法（Analytic Hierarchy Process，AHP）是美国运筹学家 T. L. Saaty 教授于 20 世纪 70 年代中期提出的一种定量与定性相结合的多目标决策分析方法。所谓层次分析法，是指将一个复杂的多目标决策问题作为一个系统，将目标分解为多个目标或准则，进而分解为多指标的若干层次，通过定性指标模糊量化方法算出层次单排序和总排序，以作为目标、多方案优化决策的系统方法。

灰色关联法（Grey Relational Analysis，GRA）用来确定指标权值，先选取区域生态环境变化的决定性因子，再比较确定其他指标与主层因子决定的指标之间的关联度排序状况，最后根据这个关联度排序关系来决定各指标的权重。该方法既能确定指标权重，又能计算多指标综合评价数值，但此方法在指标权重的赋值问题上仍然具有主观性。

聚类权法是水质评价中常见的客观权重确定方法，该方法利用单项因子的超标情况进行加权，既考虑了地下水质量标准各类标准值变化幅度的差异性，又考虑了样本的指标实测值，在地下水质量评价中具有合理性。

1.2 地下水脆弱性评价

脆弱性是用来描述相关系统及其组成要素易于受到影响和破坏，并缺乏抗拒干扰、恢复初始状态（自身结构和功能）能力的指标[7]。脆弱性是描述水源地自身属性的一个重要指标，它与水源地水文地质结构、包气带、含水层特征、地形、气候等因素密切相关，脆弱性的强度与水源地安全度成反比。1968 年法国人 Margat 在他的文章中首次提出“地下水脆弱性”这一术语。Margat 与 Albinet 先后通过图件来描述地下水对污染的脆弱程度，以此唤醒人类社会对地下水污染问题危险性的认识。由于地下水脆弱性研究具有重要的意义，从那时起，各国的水文地质学家们都对这一研究十分重视。20世纪80年代以来，地下水脆弱性研究成为国际水文地质研究的热点，许多国家和地区开展了广泛深入的研究工作。

国内关于地下水脆弱性的研究开始于20世纪90年代中期，因而，“地下水脆弱性”这一术语在国内出现得较晚，在叫法上常以“地下水的易污染性”“污染潜力”“防污性能”等来代替“地下水脆弱性”这一术语。1996年，我国引入DRASTIC方法并应用到大连和广州的含水层脆弱性评价中[8-10]。

对于地下水脆弱性评价，国外采用的方法有水文地质背景值法、系统参数法以及相关分析与数值模型法三种。用得比较多的是系统参数法中的DRASTIC模型，该模型评价地下水脆弱性的分级标准DRASTIC（Alley L，1987）由美国环保署提出。该方法主要考虑了以下参数：地下水埋深、含水层的净补给、含水层的岩性、土壤类型、地形、包气带的影响及含水层水力传导系数。该方法先后被用于美国Columbia Wyoming等10个县区的地下水脆弱性的评价工作，并被加拿大、南非、欧共体等国采用[10,11]。国内从20世纪90年代才开始这方面的研究，目前还局限在主要利用系统参数法以及对DRASTIC模型的改进的方法进行脆弱性评价。如付素蓉在DRASTIC模型的基础上忽略了地形、土壤类型和含水层的水力传导系数，增加了污染物及含水层厚度对含水层敏感性影响，提出了DRAMIC模型[12]；邹胜章建立了包括植被条件和土地利用程度等的EPIKSVLG指标体系[13]；马金珠对塔里木盆地南缘地下水脆弱性进行了评价，建立了IRRUDQELTS评价指标体系[14]。

目前国外研究的重点已经转到应用GIS技术并结合地下水运移模型来评价地下水的脆弱性。GIS的特点是能在属性数据库和空间分析功能的基础上管理大量的历史数据和资料，能以评价因子的不同而相互分区，实现二维图形，得到区域性脆弱性评价分区图。但对水源地而言，评价区域较小，各评价因子没有多大变化，因此整个水源地脆弱性基本一致，而且GIS不能实现地层结构的三维化。由美国Brigham Young大学研制的地下水模拟系统软件GMS则具有强大的地层三维实体建模功能，它以钻孔为基本单元建立地层模型，能够实现水文地质结构的可视化。

1.3 地下水源地的安全评价

西方一些发达国家关于地下水水源地安全评价的研究主要集中在水质安全和水源地的适宜性评价上，很少将水量指标、生态指标列入评价体系，其主要原因是目前这些国家用水结构早已处于一个相对稳定的状态，水量指标和生态指标不会成为制约因素，通常会满足要求。同时，由于国外一般生态环境质量总体处于较高水平，因此在地下水水源地安全评价中较少地考虑其他相关指标，而是相对集中在水质指标上。

在我国，由于地下水资源分布极不均衡，且开采模式不够合理，造成很多地区地下水资源量持续减少，不能满足当地的生产生活需求。因此，起初我国地下水水源地安全评价指标仅为水量，而后水质指标逐渐被列入其中。今天学者们逐渐意识到生态环境与水源地安全也有着重要联系，因此生态指标也被列入其中，但其他方面的指标涉及仍然较少。

我国从20世纪中期就开始对国内主要河流、湖泊（水库）水质进行安全评价，后来随着地下水污染问题的增多和《生活饮用水水源水质标准》（CJ3020）的颁布，地下水水质评价逐步成为水源地安全评价中的一项重要内容。该标准界定了生活饮用水水源的水质要求。1994年，我国又颁布了《地下水质量标准》（GB/T 14848），并不断修改和完善，从此地下水质量有了自己评价标准、计算方法和分级制度。

近年来，我国学者在水源地安全评价方面开展了一系列的研究，并取得了不少有价值的成果。朱党生（2010）利用层次分析法，对水质、水量、风险及应急能力等方面进行了评价[15]；张韵（2010）利用层次分析法，结合水质类别、富营养化程度、水质健康风险、水质污染风险，对重庆市水库型水源地安全进行了综合评价[16]；王丽红（2007）构建了一个包含水量、水质、脆弱性和生态环境等4个方面的水源地安全评价体系[17]。这些评价体系涉及水量、水质、生态、风险评价、人体健康、应急管理体系等方面，通过一定的分析方法对水源地的安全等级进行评价。

1.4 地下水库的研究现状

地下水库是利用天然地下储水空间兴建的、具有拦蓄调节和利用地下水流作用的一种特殊的水库。它具有占地小、库容大、投资少、蒸发损失小、安全可靠等优点，所以国内外越来越多的地区利用地下水库来调蓄和利用地下水。根据国内外地下水库建设的工程实践，可将地下水库从工程形式上划分为两类：有坝地下水库和无坝地下水库。

1.4.1 有坝地下水库

当地下水库的储水区需要修建地下挡水坝方能形成有效调蓄库容时，这种地下水库称为有坝地下水库。

早在1964年，日本的松尾氏便提出了较为具体的关于修建地下水库的设想。1972年，在长崎县野母崎町桦岛采用灌浆法建设了第1座有坝地下水库，总库容约为9 000 m^3。但由于当时的技术与条件所限，出现了水质咸化问题。1980年对该防渗墙进行了改进后，水中盐分浓度从未超过饮用水标准，达到了蓄水与防止海水入侵的双重效果。1979年在冲绳县宫古岛建成了总库容为70×10^4 m^3的皆福地下水库，地下坝采用灌浆方法将水泥浆灌入珊瑚礁石灰岩空隙，形成连续的截水墙，长500 m、高16.5 m、厚5 m，为了避免农业上的化合物集聚，防渗墙为半透水，使含水层蓄水后仍可向海里渗流。继宫古岛地下水库建成后，又相继兴建了福井县常神地下水库、福冈县天熊地下水库、冲绳县砂川和福里地下水库等10余座有坝地下水库，总储水量可达$2\,805 \times 10^4$ m^3，有效实现了增加农业和生活供水能力以及防止海水入侵的目标，成为日本水资源管理的重要措施。

由于日本所处的特殊地理位置，其所修建的地下水库均为有坝地下水库，日本在地下坝施工方面目前居于世界领先地位，在地下坝建设方面发展了原位搅拌法、灌浆法、置换法（地下连续墙法）和钢板桩法等多种方法。

我国的有坝地下水库基本可以分为2种：① 岩溶山区有坝地下水库：在岩溶含水层径流集中地段，建筑地下拦水坝，主要用于封闭地下洞腔、抬高地下水位。据不完全统计，至

1995 年南方 5 省已建成岩溶地下水库 52 座，总蓄水量达 $4\ 000 \times 10^4\ m^3$，可灌溉 $0.89 \times 10^4\ hm^2$ 粮田。建于 1990 年的贵州普定县马官地下水库便是一个成功实例，该水库处于峰丛洼地——峰林谷地过渡带，主要利用当地发育的落水洞、地下河及与其连通的岩溶洼地联合蓄水，总库容为 $132.54 \times 10^4\ m^3$，挡水坝体为砌石拱坝，拱厚 0.4 m，虽然工程量很小，却充分发挥了灌溉、防洪、供水的重要作用。② 其他地区有坝地下水库，主要指修建在岩溶山区以外的平原地区或丘陵山区的有坝地下水库，其地下坝修建理念与方法主要来源于日本的工程实践。1990 年，山东省龙口市在国内首次采用高压喷浆技术，修建了八里沙河地下水库。1998 年又建成了目前亚洲规模最大的有坝地下水库——黄水河地下水库，该地下水库位于黄水河河谷，距入海口 1.2 km，地下坝采用高压喷浆技术建成，全长 6 700 m，平均深度 26.7 m，总库容 $5\ 359 \times 10^4\ m^3$，每年可增加水资源利用量 $3\ 000 \times 10^4\ m^3$ 以上；为防止地下水质污染，修建了总长 38.6 km 的地下排污工程；还在地下坝内外和库区内建立观测井 88 眼，定期监测水位、水质的变化。山东省还开展了滨海平原地下水库建设的研究工作，主要在建库设计可供水量计算、高压喷射灌浆地下建坝孔距优选及板墙厚度设计、地下水库雨洪回灌工程设计、地下坝防海水入侵技术指标、地下坝质量评价无损检测方法、地下水库补给—开采优化调度研究以及地下建库经济效益分析方面进行了深入研究。

当地下水库的储水区不需修建地下挡水坝就能形成有效调蓄库容时，此类地下水库称为无坝地下水库。

美国从 19 世纪末期便开始进行地下水人工补给的实践，主要用于解决地下水过量开采引起的水资源枯竭和海水入侵等问题、在长期的地下水人工补给实践中，利用含水层对水的储存、输送和释放功能，将人工补给、地下储水及开采有机配合起来，从而实现了水资源地下调蓄，发挥了地下水库的功能。

美国在调节水资源供需平衡方面提出了“水银行”概念：水权拥有者可以将富余的水出售或存入水银行，需要水的用户可以从银行提取水资源。“水银行”的概念本身包括了水权分配和管理、工程措施及运行等一系列先进做法，它主要是以市场运作的手段实现水资源供需矛盾的调节，但水权交易的剩余水量通常储备于地下含水层中，因此，水银行的储水实体也常被称为“地下水库”。位于加州河谷南部的 Kern 县水银行，以 Kern 河冲积扇为蓄水实体，其蓄水能力至少有 $12.35 \times 10^8\ m^3$，目前已蓄水 $10.7 \times 10^8\ m^3$，抽水能力达到约 $3 \times 10^8\ m^3/a$，是世界上最大的水银行。

自 20 世纪 80 年代以来，美国开始实施“含水层储存和回采（Aquifer Storage and Recovery，ASR）工程计划”，在干旱和半干旱地区推广利用含水层调蓄水资源的做法。在丰水季节将水通过注水井储存到合适的含水层中，当需要的时候，再通过该井将水抽取出来以供使用（Pyne，1995）。ASR 工程的设计思想与地下水库的理念不谋而合，但由于它主要以承压含水层为目标，并以井灌为补给手段，因此我们只能将其视为地下水库的一种类型、ASR 工程的应用范围除了水资源地下调蓄外，还广泛用于保护和修复生态环境、改善水质以及管理废水等。到 2002 年 7 月，美国正在运行的 ASR 系统共有 56 个，而建成的系统则在 100 个以上、美国水资源委员会于 2000 年底完成的《区域和全国尺度地下水系统调查》报告，在所确定的全国和区域地下水系统 7 个优先研究领域中，含水层储存和回采工程(ASR)被列为第二项。

我国的无坝型地下水库研究工作主要是在人工补给实践与浅层地下水开发利用研究相结合的基础上发展起来的。1977～1982年间,河北省南宫县进行了地下水库试验研究工作,库区位于清凉江以北、沪河以东的黄(河)、清(河)、漳(河)古河道带上,面积206 km^2,地下有大约30 m厚的砂层,库底是不透水的黏土层,库面是入渗条件良好的砂壤土,总蓄水量可达4.8×10^8 m^3,年可调蓄水量1.12×10^8 m^3,兴利库容0.84×10^8 m^3。在库区东南选定10 km^2范围作为中心试验区,研究内容包括库区条件论证、工程设计、回灌引渗、水源论证、水均衡计算与调节运用、水质变化以及社会经济效益分析等。它是我国最早的相对完整的大型无坝地下水库,现已初步建成提水、输水、拦水、排水、引渗等20多项工程设施。

1981年,原国家科委把《北京西郊地区人工调蓄地下水资源(地下水库)试验研究》列为重大科研项目、要求分析北京回灌水源条件、含水层入渗性能、回灌引渗条件与技术方法、地下水人工补给堵塞机理及消除堵塞的方法、人工补给地下水的水动力场、浓度场和温度场的变化特征、探讨地下水人工补给渗流理论和方法,为建立西郊地下水库提供科学依据、北京市地质局水文地质工程地质公司于1981～1983年间,在北京近郊约1 000 km^2范围内开展了大量的水文地质调查、回灌试验以及室内模拟实验,进行了各种水文地质参数的测试,取得了近百万个数据,综合研究圈定出西郊地区283 km^2的面积为地下水库库区范围,总库容约8×10^8 m^3。通过模型研究,论证了控制地下水位持续下降和进行优化调蓄的方案,虽然这一方案论证后并未实施,但为平原区地下水库建设论证工作提供了可供借鉴的模式。

目前,国内许多学者开展地下水水量、水质和脆弱性等单项评价,也有学者开始进行地下水水源地安全评价研究,但缺乏地下水库运行效果的评价指标体系和评价方法。为了更好地了解地下水库建成后的运行状况,识别地下水库存在的水量、水质和生态环境问题,实现地下水库的高效运行,需要对地下水库的供水效果、环境保护效果和经济社会效益进行系统的评价。

作者在全面系统收集典型研究区的自然地理、地质和水文地质条件的基础上,重点调查和分析地下水库的工程概况以及管理和运行状况,将地下水库的水量、水质、污染源、脆弱性、经济效益作为评价指标,构建了一套新的地下水库运行效果评价的技术体系。

第2章

研究区的环境概况

2.1 自然地理概况

2.1.1 地理位置

选择山东半岛的地下水库为典型的研究区。该区位于山东省中东部，包括济南、青岛、烟台、淄博、潍坊、威海、东营和日照8个地级市，面积约 7.3×10^4 km^2，拥有海岸线长 2 978 km。该区与辽东半岛、朝鲜半岛、日本列岛隔海相望，是山东省出海的重要门户。庙岛群岛屹立在渤海海峡，是渤海和黄海的分界处。蓬莱以西属渤海南岸，蓬莱至山东半岛最东端的成山角(37°24′N、122°42′E)为黄海北部南岸，成山角至绣针河口为黄海南部西岸。区内津浦铁路及同三高速公路纵穿南北，胶济铁路、潍莱高速公路、济青及青银高速公路横贯东西，高速公路四通八达，民航班机可通达全国主要城市，国际海运也是全国最发达的地区之一，交通十分方便。

2.1.2 气　候

山东半岛地区气候属暖温带季风气候类型，降水集中，雨热同季，春秋短暂，冬夏较长。

该区平均气温为 11 ℃～14 ℃，由东北沿海向西南内陆递增，胶东半岛、黄河三角洲平均气温均在 12 ℃以下，鲁中南地区则在 14 ℃以上。区内气温的季节变化显著，12月至翌年2月气温最低，一般在 −4 ℃～1 ℃之间。区内无霜期日期多在 180～220 d之间，总的趋势是从内陆到沿海逐渐递增。由于受山地起伏河谷、盆地的影响，各地无霜期分布极不均衡，鲁西北平原区无霜期大多在 200 d 以上，鲁中南山地则在 200 d 以下，鲁东沿海地区无霜期也在 200 d 以上，其中蓬莱、烟台、威海、石岛等地在 203 d 以上，而荣成成山头无霜期竟高达 270 d 以上，全区也是全省无霜期最长的地方。

本区累计年降水量一般在 550～950 mm，降水分布的趋势是由东南向西北递减。鲁东沿海地区和鲁中南部为最多，在 850 mm 以上；鲁西北和黄河三角洲地区则在 550 mm 左右。降水量季节分布很不均衡，全年降水有 50%～70%集中在 6～8 月，易于形成洪灾；9～11 月降水量一般在 100～200 mm；12 月到翌年 2 月降水仅有 15～20 mm；3～5 月多在 100 mm 以下。冬、春及晚秋易发生旱灾。

表 2-1 研究区的气候特征（2014 年）

城　市	平均气温(℃)			降水量(mm/a)	日照时间(h/a)
	7 月	12 月	全　年		
济　南	25.9	1.3	13.9	985.6	2 382.0
青　岛	22.1	2.7	12.5	810.5	2 246.6
淄　博	26.8	1.8	14.6	753.9	2 535.2
东　营	25.7	1.0	13.4	768.0	2 716.1
烟　台	23.8	3.1	13.0	649.3	2 621.4
潍　坊	24.6	−0.3	12.3	747.6	2 497.8
威　海	22.9	2.8	12.6	692.1	2 747.8
日　照	23.1	2.9	13.0	1 144.6	2 398.5
平　均	25.0	1.3	13.3	887.5	2 443.5

根据区内各蒸发站实测资料，本区多年蒸发强度为 900～1 200 mm。总体变化趋势是由西北向东南递减，济南、章丘、淄博一带是高值区，年蒸发量在 1 200 mm 以上；东南部的青岛、日照一带年蒸发量最小，在 900 mm 左右。

2.1.3 水　文

山东半岛地区水系发育、河流纵横。除黄河外，还有 10 余条较大的河流和数百条中小河流，构成黄河、淮河、海河和沿海诸河水系。

黄河下游水系自鲁西南东平湖进入本区后，向东北斜贯鲁西北平原至垦利县入海，区内河段长 487 km。黄河含沙量大，平均每立方米含沙量 30 kg 以上，居世界首位。大量泥沙使河道淤积河床高悬，形成“地上悬河”。东营地区黄河三角洲不断向外扩展，海岸线每年向海延伸 100 多米。

大汶河水系主要分布在南部的泰安、莱芜盆地，本区只有淄博南部地区有少量支流。

淮河水系在本区主要为沂沭河上游水系区，分布在淄博和潍坊南部地区。沂源河源于沂山、鲁山、柴山和尼山，而沭河源于沂山和五莲山，两只河流上游坡陡谷深、水流湍急，向南流入淮河。

海河流域主要指流经鲁西北平原的徒骇河水系，该水系在济南市北部和济阳、商河的附近流经本区，出露河长为 40 km，向东北流入渤海。

沿海诸河流域在本区有广泛分布，是最完整的水系流域，包括小清河水系、弥河－白浪河－潍河水系、大沽河－胶莱河水系以及半岛诸小河水系区。小清河源于济南诸泉向东北流入渤海，全长 232 km，流域面积 10 700 km^2，是区内唯一可常年有水的河流。主要支流有巴漏河、孝妇河和淄河等。弥河－白浪河－潍河水系区，发源于鲁山、沂山和五莲山向北流入渤海，其中潍河长达 246 km，流域面积 6 050 km^2。大沽河－胶莱河水系是指流经胶莱盆地的水系，发源于胶北、胶南丘陵山区。大沽河全长 169 km，流域面积 4 246 km^2，主要支流有小沽河及五沽河等；胶莱河全长 134 km，流域面积 5 268 km^2，主要支流有泽河、胶河等。半岛诸小河水系主要是发源于大泽山、艾山、牙山、昆嵛山及伟德山的五龙河、老母猪河、大沽夹河、黄水河、辛安河、沁水河、乳山河、城阳河等，还有源于五莲山的白马河、吉利河、潮河及付疃河等，其中以五龙河最长，全长 113 km，流域面积 2 663 km^2。

上述四大水系流域多属于雨源型河流，水文特征表现在径流量年际变化大，年内分配极不平衡。6～9月份流量大，10月份至次年5月份流量很小，经常出现断流。

2.2 地质概况

2.2.1　地形与地貌特征

山东半岛地区地形大致可分为低山丘陵地区和平原地区两部分。低山丘陵地区海拔高度在 500 m 左右，地势起伏较小，相对高度多数为 200～350 m 间，地形坡度较缓，在 20° 以下。

1. 地形特征

地形上以低山丘陵为骨架，平原、盆地交错，环列其间的地形受地壳演化历程所控制，山东半岛地区地形具有以下三个基本特征。

(1) 中部高、四周低，水系呈放射状分布。山东半岛城市群地区以鲁山(海拔 1 108 m)、沂山(海拔 1 032 m)山地为主体，稍向东西延长，组成一条东西向的分水岭，分水岭北侧为低山丘陵区，海拔在 500～200 m 之间，向北逐渐过渡到黄泛平原。

分水岭南侧的山地、丘陵海拔从 1 000 m 下降到 100 m，到沂水平原为 60 m；分水岭东侧之山东半岛海拔 500～700 m，以莱山为骨干，直接延伸到黄海和渤海之中。

受鲁中地区中部高、四周低的地势支配，水系呈放射性分布。① 在鲁西地区的山地北侧有淄河、孝妇河、弥河、潍河等；南侧有沂河、沭河；西侧有大汶河、泗河等。② 在东部半岛地区，以艾山、牙山、昆嵛山为脊干，形成南北分流的羽状水系。北侧有黄水河、大沽夹河；南侧有五龙河、母猪河、大沽河等。这种地势及水系的分布特征，影响着水、土、植被等自然资源的分布。

(2) 低山丘陵地貌切割强烈、平原宽阔平坦。低山丘陵地区切割强烈，沟谷众多，一般切割密度在 2 km/km^2，一般切割深度为 50～100 m。如胶东的昆嵛山，切割密度为 2 km/km^2，切割深度为 61 m。低山丘陵区沟谷数量较多，密度大，切割浅，多为宽而浅的沟谷地、横断面呈宽“U”字形或浅槽状的河谷平原或盆地，呈带状或三角形。胶莱山间平原面积 5 025 km^2，诸城山间平原(盆地)面积 864 km^2，而黄泛平原和黄河角洲平原总面积达 49 051 km^2。

(3) 半岛海岸曲折、港湾多。半岛伸入黄、渤海中，海岸线长，港湾罗列，北起莱州湾，南至海州湾，半岛面积 3.4×10^4 km^2，为我国最大的半岛。山东半岛海岸地貌堪称典型，黄河三角洲海岸滩涂与莱州湾、胶州湾淤泥质海滩的宽度达 5 km 以上，多潮水沟，有大型盐场和海产养殖场；龙口－烟台－威海－青岛－日照一带的石质海岸和砂质海滩，分布着青岛、烟台、蓬莱、石臼、龙口、威海、刘公岛、岚山头等众多港湾，成为著名的商港、军港或渔港，是山东省地貌单元中一个特殊的优势区。

2. **地貌特征**

根据地貌形态及成因特点，可将山东半岛地貌分为 3 个地貌区，即鲁中南山地丘陵区、鲁东丘陵区和鲁西北平原区。

（1）鲁中南山地丘陵区。该区位于半岛西部和南部，其东部大体以沂沭断裂带东缘的昌邑－大店断裂（地貌上为潍河、沭河谷地）与鲁东丘陵区分界；其北及西部大体以齐广断裂（地貌上为小清河）和湖带断裂（地貌上为京杭运河、南四湖）与鲁西北平原区分界。平面上呈一弧面向北的扇形，面积约 1.54×10^4 km^2，约占全区总面积的 21.0%。该区地势在全省及半岛全区最高部位，蒙山、鲁山、沂山的主峰均在千米以上，构成该区脊部。脊部两侧为低山和丘陵，其外缘为山间盆地和山前平原。

区内主要分布着新太古代－古元古代 TTG 片麻岩类、闪长岩和花岗岩类等侵入岩及中太古代沂水岩群、新太古代泰山岩群、古生代和中生代地层。就在这个山地丘陵区内的山区及山间和山前平原，蕴藏着金、金刚石、蓝宝石、铁、煤、石膏、石盐、石灰岩、花岗石等多种矿产资源；分布着闻名海内外的天然地理和地质景观及人文景观等旅游资源。

鲁中南山地丘陵区内 NW 向、近 EW 向断裂构造发育，控制着山脉、谷地、河流走向，这对区域内气候、地下水、植被有很大影响。区内水资源在省内相对较丰厚，农业生产兴盛。但总体来看，区内山地多，沟壑纵横，土薄石厚，草木稀疏，植被覆盖率及垦殖指数低；洪、涝、旱灾害和水土流失灾害严重地影响农业生产。在一些山坳地带由于土壤中碘等一些元素的流失，造成低碘地甲病的发生，威胁着人体健康。

（2）鲁东丘陵区。该区位于山东东部，其北、东、南三面环海，为一个呈 NE 向展布的半岛丘陵，其胶北丘陵、胶南丘陵及其间的胶莱平原（盆地）组成，面积约为 4.60×10^4 km^2，占全区总面积的 63%。除少数山峰海拔在 700 m 以上外（崂山主峰海拔为 1 133 m），大部分为 200～300 m 的波状丘陵，坡缓谷宽，土层较厚，胶莱平原海拔在 50 m 左右，土层也较厚。

区内主要分布着中生代花岗岩类侵入岩及中太古代唐家庄岩群、新太古代胶东岩群、古元古代粉子山群及震旦系蓬莱群、白垩纪莱阳群、青山群、大盛群、王氏群。该区内的丘陵及山间和山前平原中，蕴藏着金、银、铜、铅、锌、钼、金红石、石墨、滑石、菱镁矿、蓝晶石、硫铁矿、膨润土、沸石、滨海砂矿多种矿产资源；分布着著名的地理和地质景观等旅游资源。

（2）鲁西北平原区。该区是华北平原的组成部分，其南及东西为鲁中南山地丘陵区和鲁东丘陵区。面积约为 1.16×10^4 km^2，约占全区总面积的 15.8%，地势在全省最低，海拔大多在 50～20m。

（3）鲁西北平原区。由于历史上黄河多次决口、改道和沉积，形成一系列高差不大的河道高地和河间洼地。但总体来说，该区地势平坦，土层深厚，农业生产发达。然而，由于地势低洼，地表排水不畅，旱、涝、盐碱灾害对农业生产影响很大。

2.2.2　地质特征

山东半岛城市群地区的地质特征：地层出露齐全、地质构造发育、岩浆活动频繁，变质作用较广泛，东西部和南北部都有明显的差异，形成了各具优势的矿产资源。

区内地层分布总的特点是：鲁西地区地层出露齐全，自太古界至新生代的地层都有分布，以中新生代地层为主，古生代地层、太古界、元古界地层分布较少。

鲁东地区以太古界和中生代地层为主，缺失古生代地层；鲁西北平原则主要为第四系冲积层，第三系以下的老地层均被覆盖。

根据本区地层分布的特点，以沂沭断裂带为界划分为鲁西和鲁东两个地层区，地层由老到新概括如表 2-2 所示。

2.2.3　大地构造单元分区

山东半岛地区经历了多次构造运动，总的特点是古老基底构造复杂，且以一系列褶皱为主，遭受了强烈的区域变质作用；盖层构造较简单，以平缓褶皱或单斜地层为主，而断裂构造极为发育，并控制了一系列中、新生代断陷盆地。根据板块构造的分界和沉积建造、构造形式等特征，可将本区划分为两个一级构造单元，即华北板块与华南板块(扬子板块)及 4 个二级单元。其中，华北板块可分为鲁东隆起、鲁西隆起和华北坳陷(济阳坳陷)三个二级单位；华南板块可分为胶南隆起 1 个二级单元。

五莲—荣成韧性构造带是华北板块与华南板块两个大陆板块相向移动、相互碰撞、强烈变形而形成的褶皱造山地带。这个造山带是中国有名的秦岭—大别山—苏鲁造山带的重要组成部分，简称两板块的地缝合线，它是划分板块的边界的重要证据之一。造山带东侧的构造单元为华南板块的胶南隆起，是胶南延至荣成、威海，由下元古界胶南群等变质地层组成的基底褶皱，构造线总体方向以北东—北北东方向为主，胶南隆起岩石类型以深变质榴辉岩、片麻岩以及蛇纹石化杆榄岩、浅粒岩等为主。

五莲—荣成构造带西侧均为华北板块的次级单位，即鲁东隆起(或胶东隆起)、鲁西隆起(或鲁中隆起)和华北坳陷(济阳坳陷)。

1. 鲁东隆起(胶东隆起)

本区位于沂沭断裂带以东地区，由唐家庄岩群、胶东岩群和粉子山群(包括芝罘群)等组成的基底褶皱，以北东或东西向宽展复式褶皱为特征。中元古界以后，该区长期整体上升，遭受剥蚀；中生代中期后，燕山运动差异性断裂活动使胶北隆起，胶莱盆地下陷使莱阳群、青山群(大盛群)和王氏群有巨厚的陆相碎屑岩沉积，并伴有强烈的火山喷发和岩浆侵入，盆地内发育北西向和北东向断裂；新生代以后，本区仍处于整体上升的态势，仅局部地区有沉降沉积。

2. 鲁西隆起(鲁中隆起)

本区包括沂沭断裂带在内，东部以昌邑—大店断裂与鲁东隆起为界，北部以齐河－广饶断裂带与华北坳陷为界。由沂水岩群和泰山岩群组成基底褶皱，以北西向紧密的倒转褶皱为主，沿背斜核部多有古老花岗岩体及岩浆侵入，中元古界以后至古生代时期有大区

表 2-2　山东半岛地区地层分区

地层单位			华北地层区					
界	系	统	鲁西分区			鲁东分区		
新生界	第四系	全新统	平原群	沂源组	冲积层，海积层 10～100 m			冲击层、坡积洪积、海积层 30 m
				羊栏河组				
				小埠岭组				冲击层、海积层、潮积层 35 m
	新近系	上新统	黄骅群	明化镇组	泥岩、砂岩含灰质结核厚 600 m			
		中新统		馆陶组	砂岩、利咽爽粉岩厚 1 100 m		栖霞组	玄武岩组，碱性玄武岩霞石岩厚 30 m
	古近系	渐新统	济阳群（五图群）	东营组	泥岩、砂岩、砾岩厚 1 000 m		黄县组	泥岩、泥夹岩、砂岩夹煤层厚 1 800 m
				沙河街组	泥岩、砂岩、灰岩为重要含油层厚 1 500 m			
		始新统		孔店组	泥岩、粉砂岩、油页岩夹石膏厚 600 m	五图群		含煤、油页岩、砂岩、页岩厚 1 372 m
		古新统	官庄群		红色砂砾岩夹重要石膏层厚 1 215 m			
中生界	白垩系	上统	王氏群		红色碎屑岩爽页绿色碎屑岩厚 1 814 m	王氏群		红色砂岩、砾岩为主夹淡水岩层石膏层厚 6 944 m
		下统	青山群		为一套火山岩系，中酸性—中基性火山岩厚 896 m	青山群		火山岩系夹碎屑岩为硫金铜等为重要含矿岩系厚 9 350 m
			莱阳群		砂岩、砾岩、粉砂岩厚 9 976 m	莱阳群		粉砂岩、砂岩、砾岩厚 14 373 m
	侏罗系	上统	淄博群	三台组	红色砂岩 367 m			
		中统		坊子组	绿色砂岩、泥岩夹煤层厚 193 m			
		下统						
	三叠系	中上统	二马营群		绿色长石砂岩夹泥岩厚 1 245 m			
		下统	石千峰群	刘家沟组	紫红色砂岩、泥岩为主，厚 219～613 m			
				孙家沟组				

续表

界	系	统	群	组	岩性	系	组	岩性
古生界	二叠系	上统	月门沟群	石盒子组	陆相砂岩页岩夹煤层厚 153 m			
		下统		山西组	陆相砂岩页岩夹煤层厚 125 m			
	石炭系	上统		太原组	海陆交互相砂岩页岩灰岩夹煤层厚 184 m			
		中统		本溪组				
	奥陶系	上统		马家沟组	海相碳酸盐岩夹泥质灰岩厚 561～1 267 m			
		中统						
		下统						
	寒武系	上统	九龙群	炒米店组	碳酸盐岩组成包括鲕状灰岩竹叶状灰岩夹泥质灰岩，厚 600 m			
				崮山组				
				张夏组				
		中统	长清群	馒头组	海相碎屑岩和碳酸盐岩，厚 132 m			
				朱砂河组				
		下统		李官组				
新元古界	震旦系	下统	上门群	石旺庄组	浅海相沉积岩由砂岩页岩灰岩组成，厚 243～880 m	蓬莱系	香夼组	渐变质岩系由千板岩、板岩、石英岩、结晶灰岩及大理岩组成，厚 878 m
				浮来山组				
	青白口系	上统		佟家庄组			南庄组	
				二青山组			辅子夼组	
				黑山官组			豹山口组	

续表

古元古界	滹沱系		济宁岩群		千枚岩、板岩夹磁铁石英岩，厚500 m	芝罘群		海相石英岩、长石英岩及磁铁石英岩，厚1 350 m
						粉子山群		大理岩、变粒岩、石墨透闪岩，厚2 537 m
新太古界			泰山岩群	柳杭组	变质片麻岩系下部黑云斜长片麻岩、上部为斜长角闪岩、角闪斜长片麻岩夹鞍山式铁矿，厚4 486 m	胶东岩群	郭格庄岩组 苗家岩组	由黑云变粒岩、斜长角闪岩夹磁铁石英岩、金矿原始矿源层组成，厚274 m
				山草峪组				
				燕翎关组				
				孟家屯组				
中太古系			沂水岩群	林家官庄岩组	变质麻粒岩，厚1 729 m	唐家庄岩群		变质麻粒岩系，厚24 m
				石山官庄岩组				

域沉降，广泛发育有寒武、奥陶、石炭及二叠系地层。古生代的盖层褶皱比较平缓，断裂构造发育，多呈北西—南东向延伸，北西向断裂常向南转折形成若干弧形断裂，整个断裂系统向沂沭断裂带方向收敛，向西散开。

在中新生代，本区形成一系列北西向长条形隆起带和断陷盆地，形成中新生代的三叠系、侏罗系、白垩系的巨厚沉积以及古近系的沉积。

3. **华北坳陷（济阳坳陷）**

本区为黄泛平原及黄河三角洲地区，以齐河—广饶断裂与鲁西隆起为界，分为新生代形成的华北板块断裂构造沉降带。除局部地区有新太古界、古生代及中生代下伏基岩外，大部分地区沉积为新生代的古近系和新近系地层。上覆广泛分布第四系冲积层，其次级构造单元在本区主要为济阳坳陷。济阳坳陷是在新生代古近纪早期形成后，由于断陷活动的差异形成了凹凸相间的构造格局，坳陷地区可细分为东营坳陷、广饶凸起、沾化坳陷、陈家庄凸起等次级构造；在塌陷地区沉积了巨厚湖相沉积，形成沙河街组和东营组等重要含油地层。

2. 2. 4　区域构造特征

本区的构造形态特征表现为褶皱和断裂。褶皱又分为基底褶皱和盖层褶皱两类，主要有背斜和向斜两种形式。

1. **褶皱**

鲁西地区基底褶皱由泰山岩群构成，形成一系列的紧密复背斜和复向斜，相间排列。褶皱轴向北西或北北西，复背斜的核部由太古界混合花岗岩组成。自北而南，由西向东，规模较大的褶皱有泰山—徂徕山—蒙山倒转复背斜、告山—玉皇堂倒转背斜、鲁山—黑坊复向斜、沂山复背斜及柳山背斜等。褶皱规模长 11 ～ 75 km，最长达 130 km。

鲁东地区由胶东群（胶南群）、粉子山群（荆山群、五莲群）、蓬莱群构成基底褶皱。规模较大的有栖霞复背斜、乳山威海复背斜。栖霞复背斜的褶皱轴西自莱州市朱马，经招远道头、栖霞唐家泊，东至牟平鹊山、高陵南一带，基本占据了整个胶北隆起区。轴部表现为紧密的陡倾斜线型复式褶皱，向南北两翼渐变为一系列正常开阔的复式背向斜，如大羊店背斜、隋家沟—路家沟向斜、小院沟—牛家庄背斜、杨家庄—大泊自向斜等。

乳山—威海复背斜的轴部大致位于乳山台依，向北经昆嵛山主峰、汪疃、威海羊亭，在威海田村附近倾没于海中。由于混合岩化作用的影响和多期侵入岩的活动，背斜大部被侵吞，显露不够清楚。

盖层褶皱很不发育，多数为平缓的单斜产状。古生代地层局部形成一些开阔的向斜或短轴背斜。向斜构造主要发育在煤盆地中，分布于淄博、潍坊等地。向斜核部多为石炭 - 二叠系含煤地层，构成山东主要的含煤向斜盆地，短轴背斜似与燕山晚期岩浆侵入活动有关，岩体位于背斜的核部。另外，在一些中生代盆地中常见宽缓的向斜构造，这种盆地受构造控制，褶皱轴与盆地的长轴方向一致，在胶莱拗陷、安丘—莒县地堑，马站—苏村地堑中部都见有这类向斜构造。

2. 断裂

山东半岛地区断裂构造十分发育，驰名中外的沂沭断裂带纵贯该区中部，将该区分为东西两个地块，其断裂构造各具特色。

沂沭断裂带是郯庐断裂带的一部分。南起郯城，北入渤海，大致沿沂河、沭河及潍河的河谷分布，在山东境内长达 330 km，断裂带呈北东 10° ～ 25° 方向延伸。断裂带南窄北宽，北段宽达 60 km，南段只有 20 km。该断裂带主要由 4 条主干断裂组成，自西向东为鄌口－葛沟断裂、沂水－汤头断裂、安丘－莒县断裂、昌邑－大店断裂。由于断裂的切割形成堑垒式结构，即中部为地垒凸起，两侧为地堑凹陷，南北两端又叠加了中新生代凹陷。在凹陷中充填了巨厚的中新生代碎屑岩和火山岩系，断裂带有超基性－中酸性岩浆侵入。沂沭断裂带规模宏大，深切到上地幔，切割深度可能达 80 ～ 120 km，是一条长期活动的较复杂的深大断裂。也有人认为，该断裂形成于前寒武纪，现在的构造面貌主要是印支和燕山运动的产物。

鲁西地区的断裂构造极为发育，可分为东西向、南北向、北西向和北东向四组，其中以北西向和北东向两组最为发育，对鲁西地质构造影响较大。东西向断裂在分布上似有一定的等距性，如鲁西南一带一般 15 ～ 30 km 出现一条，沂源—博山一带一般 7 ～ 10 km 出现一条。鲁西南地区的东西向断裂规模较大，多为凸起和凹陷的边界断裂，对凹陷的中新生代地层有较明显的控制作用，表明中新生代是断裂的主要活动期。南北向断裂不甚发育，多被第四系覆盖。北西向断裂在鲁西地区地质发展中起着重要作用，由南向北断裂走向由北西向逐渐转变为北北西向，其北段转变为向北突出的弧形，断层面倾向南西，北东盘为上升盘，多为泰山群变质岩，南西盘为下降盘，多为中新生代地层，构成了鲁西中新生代盆地的北边界。主要由铜冶店－孙祖断裂、长清断裂和文祖断裂等组成，长度为 35 ～ 190 km。北东向断裂为数不多，但具有重要的地质意义。如著名的金刚石原产地在上五井－临朐断裂带中，淄河铁矿赋存于淄河断裂内。该组断裂走向变化较大，从北东 25° ～ 60°，其中北东东向断裂往往与北西向断裂相交，形成所谓弧形断裂。断裂具有多期活动特征，其主要活动时期为中生代末期。主要有东阿－齐河断裂、淄河断裂、上五井－临朐断裂等，长度为 55 ～ 165 km。

鲁东地区断裂构造比较发育，主要有东西向、南北向、北西向、北北东向断裂组和北东向牟平—即墨断裂带。南北向断裂：分布零星，连续性较差，规模较小。主要有蓬莱金果山断裂、栖霞—唐家泊断裂、莱西断裂、即墨断裂、诸城断裂、俚岛断裂等。北北东向断裂：十分发育，胶北地区更为明显，相互平行，纵贯胶北隆起。主要有朱桥镇断裂，玲珑断裂、栾家河断裂、凤仪店断裂、巨山沟断裂、解宋营—紫观头断裂、杨础断裂、蛇窝泊—八角断裂、福山断裂和金牛山断裂，活动时代为中生代末期。牟平—即墨断裂带：位于胶东北部，北东自牟平经郭城、朱吴到即墨一线。有迹象表明可能经过胶州湾与日照断裂相连。该断裂带由大致相互平行的四条断裂组成，由西向东为桃村—东陡山断裂、郭城—即墨断裂、朱吴—店集断裂、海阳—青岛断裂。断裂带发育在胶东群、荆山群、粉子山群及侏罗、白垩系中，局部切过燕山晚期岩体，对中生代火山沉积建造有明显的控制作用，著名的崂山花岗岩和招虎山花岗岩体的展布受其控制。断裂具有多期活动的特征，可能在晚中生代强烈活动，第四纪以来仍有活动迹象。

2.3 区域水文地质条件

2.3.1 水文地质分区

地下水是山东半岛城市群地区的主要供水水源之一。地下水开发利用量占水资源实际可开发利用量的50%以上。地下水资源具有多年调节、以丰补歉、可持续开发利用等优越性，是人民生活和工农业用水的首选水源。

山东半岛城市群地区的地质构造格局、地层岩性及地形地貌组合决定了半岛地区地下水资源的赋存条件和补排特征。根据水文地质条件的差异，可划分为三个水文地质区，即鲁西北平原松散岩类水文地质区，鲁中南中低山丘陵碳酸盐岩类为主水文地质区，鲁东低山丘陵松散岩、碎屑岩、变质岩类水文地质区。

鲁西北和鲁中南的分界以地下水全淡区与咸淡水交错区为界。鲁中南与鲁东区分界的北段以潍河东侧地表水与地下水分水岭为界，南段以沭河东侧的地表水和地下水的分水岭为界。

2.3.2 地下水类型

山东半岛地区地下水类型主要有第四系松散岩类孔隙水、碳酸盐岩类裂隙岩溶承压水、碎屑岩类孔隙裂隙水和基岩裂隙水等。

1. 第四系松散岩类孔隙水

主要分布在鲁西北平原、鲁中南山间盆地、谷地和鲁东山间河谷及滨海地区，富水性的强弱取决于不同成因类型和埋藏条件。

(1) 冲积层潜水及微承压水：首先分布于鲁西北广大平原，其次为鲁东和鲁中南地区河流两侧。鲁西北地区浅部黄河冲积物是黄河沉积的细颗粒状物质多层结构，地下水水化学特征具垂直和水平分带性。垂直方向上，以淡-咸-淡三层结构为主，其次为上咸下淡的两层结构及局部全淡单层结构；水平方向上，靠上游全淡区面积大，下游咸水体明显扩大，滨海出现全咸区。一般60 m深度内地下水属潜水和微承压水，与大气降水垂直交替密切。浅层淡水含水砂层累计厚度为10～20 m的古河道带，水质好，单井出水量一般大于60 m^3/h，对农业供水具有重要意义。

(2) 冲洪积潜水和承压水：呈带状分布于泰沂山脉北部的山前倾斜平原，由冲洪积扇组成。含水层岩性以中粗砂为主，从扇首到前缘，含水层颗粒由粗到细，厚度由大到小，层次由少到多。上部为潜水含水层，下部为承压水含水层。地下水补给充沛，除大气降水渗入补给外，山区地下水侧向径流，河流中地表水渗漏都是重要的补给源。该含水层水量丰富，单井涌水量1 000～5 000 m^3/d，可形成中小型供水水源地。

(3) 洪坡积层潜水：主要分布于低山、丘陵山麓地带，岩性大多为砂质黏土夹碎石，厚度不一，地下水埋藏深，富水性差，为一弱含水岩组，供水意义不大。

2. 碳酸盐岩类裂隙岩溶承压水

分布于鲁中南山区的地表及地下岩溶发育区。由于地形地貌条件的影响，岩层富水性差别很大。石灰岩裸露的低山、丘陵区，地下水深埋，大都为潜水，且岩层富水性差，是严重缺水区。在盆地谷地的中部和单斜构造的前缘，地势较平坦，石灰岩倾伏于第四系之下，地下水丰富，并具承压和自流性质。

岩溶水资源分布极不均匀，补给区储水条件差，单井出水量小于 500 m^3/d，往往成为贫水区；排泄区由于补给条件好，调蓄功能强，资源丰富，开发利用率高，单井出水量 1 000～5 000 m^3/d 或大于 5 000 m^3/d，可成为大型或特大型集中供水水源地。

3. 碎屑岩类孔隙裂隙水

鲁中南地区主要分布于淄博及沂沭断裂带内，由二叠系、侏罗系、白垩系、下第三系等页岩、砂岩、砂砾岩构成；鲁东地区主要分布于海阳、莱阳、诸诚一带中生代沉积的砂页岩、砂岩、砂砾岩中，该含水岩组含水微弱，单井出水量一般小于 100 m^3/d。

4. 基岩裂隙水

分布于变质岩、侵入岩风化裂隙和构造裂隙中。大面积出露于鲁中南山区和鲁东丘陵区，透水性较弱，一般单井涌水量小于 100 m^3/d。裂隙水接受大气降水渗入补给，以下降泉形式排泄补给地表水。该含水层分布面积大，富水性差，只适于分散少量开采。

2.3.3 地下水的时-空分布

1. 地下水资源地域分布特征

地下水资源的地区分布受地形、地貌、水文气象、水文地质条件及人类活动等多种因素影响，各地差别很大。总体是平原区大于山丘区，山前平原区大于黄泛平原区，岩溶山区大于一般山区。

山丘区地下水一般为基岩裂隙水和岩溶水，补给来源单一，主要接受大气降水补给，地下水资源的地区分布随着降水量的地区分布的变化和水文地质条件优劣差异很大。小清河区石灰岩广泛分布的地段，地下水资源模数一般为（10～20）× 10^4 m^3/（km^2·a），岩溶裂隙较发育的地段，可达（25～30）× 10^4 m^3/（km^2·a）；在潍坊白浪、胶东半岛、东南沿海以变质岩、岩浆岩、碎屑岩为主的山区，岩石坚硬，地下水赋存于风化裂隙和构造裂隙中，储存条件较差，地下水资源模数一般在（8～10）× 10^4 m^3/（km^2·a）；胶莱大沽山区为降水低值区，地下水资源模数也是最低区，一般在（5～8）× 10^4 m^3/（km^2·a）。

平原区地下水以孔隙水为主，补给来源主要是大气降水和地表水体，其次是山前侧渗补给。地下水资源的地区分布除与大气降水地区分布、水文地质条件的差异有关外，与人类活动影响程度也有一定关系，所以平原区地下水资源的地区分布也十分不均。山前平原区调节库容量大，补给条件好，降水入渗补给量较大，还有来自山区的侧渗补给以及河道渗漏补给、灌溉入渗补给，地下水资源模数一般为（15～20）× 10^4 m^3/（km^2·a）。胶莱大沽盆地，降水较少，补给条件较差，地下水资源模数一般为（8～13）× 10^4 m^3/（km^2·a）；在大沽河中下游平原，入渗条件较好，地下水资源模数可达（15～20）× 10^4 m^3/（km^2·a）。

2. 地下水资源的年际变化

地下水资源的补给主要来源于大气降水，降水入渗补给量占地下水资源量的近 90%。因此，地下水资源量与降水量的变化密切相关，地下水资源量的年际变化幅度比降水量的年际变化幅度大，山丘区地下水资源量的年际变化幅度大于平原区。降水入渗补给量的年际变化，基本代表地下水资源量年际变化。在 1956～2000 年间，降水量的年际变化具有丰、枯交替及连续丰水年和连续枯水年的现象出现，连续丰水期和连续枯水期均出现两次：连续丰水年为 1961～1964 年、1970～1975 年，而连续枯水年为 1981～1983 年、1986～1989 年。降水入渗补给量连续低值期和连续高值期也出现在这四个阶段，其变化规律与降水量变化规律基本一致。

第3章

研究区地下水库的建设条件分析

山东半岛经济基础好，社会和经济发展快速，对水资源的需求持续增加，这是地下水库建设必要性的前提。除此之外，具有较为丰富的调蓄补给水源，一定规模可被有效利用的天然地下储水空间、良好的地质边界条件及环境条件也是该区地下水库建设的基本条件。

（1）水源条件。大气降水是区内各类淡水资源形成的主要直接或间接来源。山东半岛有比较丰富的降水，多年平均降水量在700 mm以上，这是首要的水源条件。区内地表水系较为发育，均可形成一定的地表径流量，整个半岛地区多年平均河川径流量为$74.23\times10^8\ m^3$，拦蓄量为$25.18\times10^8\ m^3$（仅为河川径流量的33.92%），有66.08%的河川径流量白白流走，所以地表水是直接可用于人工调蓄的主要水源。另外，已建和在建的山东省西调黄河水、长江北输青岛、烟台、威海工程，也为地下水库提供了间接利用水源。因此，山东半岛地下水库建设水源条件比较充足。

（2）地下储水空间。山东地区地下水库一般建设在富水条件比较好的第四系堆积区，储水空间利用的主要是冲积、冲洪积松散层的孔隙，其空间介质颗粒较粗，岩性以中粗砂和卵砾石为主，给水度一般在0.1～0.3，渗透系数10～100 m/d，主储水层厚度一般为5～30 m，由于其埋藏浅、孔隙度大，储水空间非常便于开发利用。

因河流的流域面积和水文地质条件不同，地下水库的规模、容量相差较大，有效库容一般在几百万至几亿立方米。

（3）边界条件。就地下水库的含水层而言，其边界条件可分为底部基岩边界、上下游断面边界和顶部界面。良好的地下水库边界条件应是：水能进得来、留得住，要求底部基岩和下游断面边界透水性要差，不利于水的泄出；上游和顶面边界渗透性要好，有利于地下水的补给。山东地区地下水库有着较为理想的边界条件：其库区底部基岩一般为变质岩和岩浆岩，透水性差，下游断面需构筑不透水的截渗墙（坝）；上游边界为地下分水岭或自然尖灭与基岩相接触，侧面与基岩接触边界附近库区岩性一般为洪坡积物，透水性好于基岩，可接受基岩地下水的侧向补给；在多数河流的中、上游地段，含水层顶部界面达到地表，基本无弱透水层存在，地表水入渗顺畅，在河流近下游或滨海地段，其顶部存在 1～2 层相对弱透水层，一般为砂质黏土或淤泥质土。为加快地表水入渗，需辅以人工补源措施。

（4）环境条件。环境条件是决定地下水库建设的重要因素，它包括两个方面：一是指建库前库区地下水的污染状况和潜在的污染源。如果已存在污染，必须经过污染治理，满足建库条件后，才能进行地下水库建设；二是指建立地下水库可能引起的环境生态地质问题，如影响农作物的生长或建筑物的安全等。山东半岛的整体环境状况良好，区内的大部分重要城市均位于滨海地区，适宜建设地下水库的河流中、上游人为污染源较少，基本不影响地下水库建设。通过控制截渗坝高程和人工开采等措施，建设地下水库一般不会产生次生灾害；相反，通过涵养水源、截断海水入侵，能够达到改善生态地质环境的目的。

3.1 地下水库类型及系统构成

3.1.1　地下水库类型

在山东半岛建设地下水库，多需兼顾调蓄水资源和防止海水入侵的双重需求。根据该区的自然条件，山东半岛地下水库一般建在山间沟谷和滨海平原的第四系孔隙含水层，基本均需构建地下截渗坝，其库容个别为大型，但以中小型居多。这种地下水库库区面积主要取决于第四系的分布，主要含水层厚度一般小于 20 m，其特点是建设难度较小，地下水易采、易补，有利于发挥地下水库的调节功能。

3.1.2　地下水库系统构成

地下水库是由多个功能要素构成的一个自然—人工复合系统。根据山东半岛地下水库的类型及水文地质条件，该区地下水库系统构成要素如下。

1. 自然要素

（1）水作为地下水库工程的核心，是地下水库系统中一直处于不断变化和循环的要素。地下水库储存、利用的主要水类型是地下水，作为地下水补充来源的大气降水、符合条件的各类地表水等都可视作地下水库的组成部分。

（2）该区地下水库的含水介质为第四系松散沉积物，主要有：卵砾石、各种砂及砂质土。地下水库储水空间即为含水层的孔隙。

（3）地下水的渗流场是地下水运动的重要特征，渗流场的形成是由地下水的补、径、排条件和地质条件所决定的，其中地下水从接受补给到排泄的渗流强度决定了地表水和地下水的转化速度。天然条件下地下水渗流场有其分布规律和特征，地下水库的建设和使用（截渗流、人工回灌、抽水等）极大地改变了自然条件，地下水渗流途径和强度都会发生很大变化。

2. 水利工程

（1）地表拦蓄水工程用于涵养地表水源，为地下水库提供更加充足的水源补给保证。

河流上游的地表水库以尽可能多地拦蓄河川径流为主要目的，是主要的地表蓄水工程；中下游的河道挡水工程用于梯级截留地表水、延长河道存、过水时间，具有涵养地表水、补给地下水的作用，近河口的拦河坝还是阻止海水沿河上溯的挡潮坝。河道拦蓄水工程包括各种拦截地表水流的坝、闸、堰等。

（2）地下截渗工程是指具备一定强度的各种人工地下防渗墙、坝。主要作用是截断来自上游的地下水潜流，在山东半岛的另一重要作用是形成阻止下游海（咸）水入侵的屏障。

（3）地下水开采工程指用于抽取地下水的各种开采井、集水廊道及附属构筑物等。建地下水库就是为了更好的用水，取水工程在地下水库效能发挥中起着重要作用，地下水开采工程主要考虑开采井的形式、分布和能力。

（4）补源增渗工程是为了提高地表水和地下水的转化效率、增加地表水入渗量而采取的各种人工措施，包括地表引渗回灌工程和提高地层渗透性能的增渗工程。

（5）环保工程主要指为防止地表、地下水污染而采取的污水收集、处理、排放工程和垃圾处理工程。

（6）监测工程是为保证地下水库的可持续运行而采取的对地下水位、水质和环境变化为主的监测措施。

3.2 研究区地下水库的建库条件分析

3.2.1 已建地下水库

山东半岛是我国有坝地下水库建设和研究开展比较早的地区。20世纪80年代后期，由于连年干旱，地下水严重超采，造成水位大幅下降、海水入侵发展迅速，地下水库建设提上日程。1990年，第一座小型试验性有坝地下水库－龙口八里沙河地下水库建设完成，各项指标均达到了设计要求，标志着山东半岛地下水库建设进入实施阶段。自20世纪90年代以来，由于供水问题突出、海水入侵日益严重、生态条件逐步恶化，山东半岛先后在龙口市黄水河、青岛市大沽河、烟台市大沽夹河和莱州市王河、日照市的两城河等建设了地下水库（见表3.1），这些地下水库都是半岛地区的主要地下水水源地。地下水库的建设大大提高了地下水的开采保障能力，解除了海水入侵之患，生态环境逐渐得以恢复，地下水库建设的水资源效益和环境效益都十分明显。

表3.1 山东半岛已建地下水库概况

地下水库名称	地下水库类型	面积（km^2）	含水层岩性	含水层厚度（m）	总库容（$\times 10^4 m^3$）	调节库容（$\times 10^4 m^3$）	地下坝长（m）	建坝时间
八里沙河	山间河谷型	0.7	中粗砂	4～6	43	36	756	1990
黄水河	滨海平原型	51.8	砾质粗砂	10～30	5 289	3 886	5 996	1995
大沽河	山间河谷型	421.7	砂砾石	4～8	38 413	23 780	14 200	1998
大沽夹河	山间河谷型	63.3	砂砾卵石	5～40	20 520	6 500	4 030	2001

续表

地下水库名称	地下水库类型	面积(km^2)	含水层岩性	含水层厚度(m)	总库容($\times 10^4 m^3$)	调节库容($\times 10^4 m^3$)	地下坝长(m)	建坝时间
王　河	滨海平原型	66.4	中粗砂砂砾石	2～12	5 246	2 623	13 593	2004
两城河	滨海平原型	20	中粗砂	2～9	2 305	1 245	4 088	2015

3.2.2 宜建地下水库

根据地下水库建设的基本条件分析，山东半岛适宜建设地下水库的主要地段为河流中、下游山间河谷地带及滨海平原区，在平面上这些地段第四系地层多呈条带状分布，具有一定的面积和厚度，松散层一般具有二元或三层结构，主要含(储)水层埋藏较浅，地下水赋存状态为潜水或微承压水。虽然含水层厚度一般不是很大，但具有易采易补的特点，便于开发利用，所以地下水库建设的成本也不高。区内地下水多数没有受到明显污染，环境状况良好，基本满足地下水库建设的水质要求。除已建成的地下水库外，龙口市中村河、蓬莱市平畅河、牟平区沁水河、荣成市沽河、文登市老母猪河、乳山市黄垒河、青岛市白沙河等地均有建设地下水库的需求和条件，有的已经列入政府建设规划。表3.2中所初步列出的14处宜建地下水库均为中小型，总库容估算为$4.4\times10^8 m^3$，预计调节库容应在$2\times10^8 m^3$以上，这些地下水库主要以县级市及城镇工业、生活或农业用水为供水目标。

表3.2 山东半岛宜建地下水库的水文地质特征

序　号	地下水库位置	地下水库类型	库区面积(km^2)	含水层岩性	含水层厚度(m)	估算库容($\times 10^4 m^3$)
1	龙口中村河中下游	滨海平原型	38.7	砾砂、中粗砂、细砂	5～15	9 172
2	蓬莱南王河中下游	山间河谷型	6.2	粗砂、玄武岩、大理岩	10～15	920
3	蓬莱平畅河中下游	山间河谷型	28.0	中粗砂、砾石	14～23	5 540
4	牟平沁水河中下游	滨海平原型	29.5	细砂、中粗砂、砾砂	10～30	5 062
5	海阳留格河中下游	山间河谷型	8.0	中粗砂、卵砾石	2～13	800
6	威海石家河中下游	山间河谷型	12.0	砂及卵砾石	2～13	1 040
7	文登老母猪河中下游	山间河谷型	40.9	含砾中粗砂	3～13	3 662
8	荣成沽河下游	山间河谷型	8.7	砂砾石	3～6	827
9	荣成车道河中下游	山间河谷型	2.5	中粗砂、砾砂	2～10	250
10	乳山市乳山河中下游	山间河谷型	20.0	含砾粗砂、中粗砂	3～10	2 100
11	乳山黄垒河中下游	山间河谷型	19.8	含砾粗砂、中粗砂	3～9	1 782
12	莱阳五龙河中游	山间河谷型	82.2	砂砾石	6～9	7 400
13	青岛白沙河中下游	滨海平原型	23.5	砂砾石	8～15	4 230
14	胶南洋河中下游	山间河谷型	24.1	中粗砂	4～8	1 117

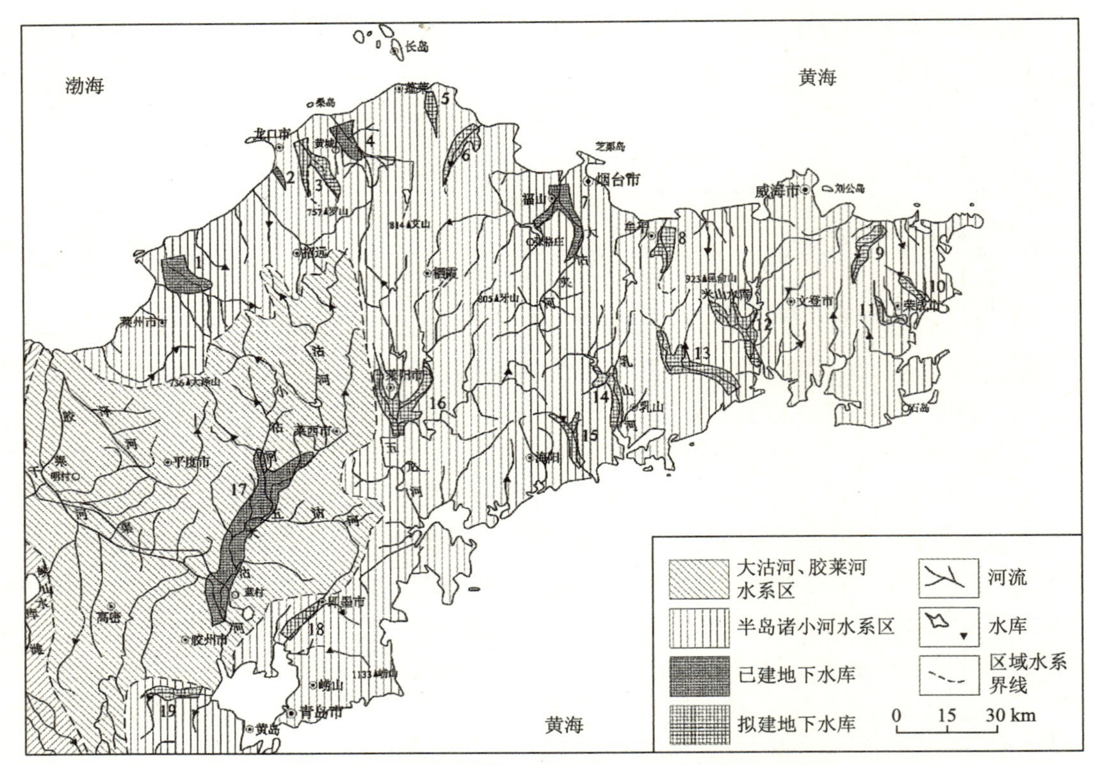

图 3.1 山东半岛地下水库已建和拟建地下水库分布

3.2.3 地下水库施工工艺

目前,国内外建造防渗墙的技术发展很快、工法很多,工艺水平也在不断提高。如高压喷射灌浆法、振动沉模法、射水法、液压抓斗法以及套井回填法等。防渗墙建造技术的发展和工法、工艺水平的改进提高,目的不外乎三个方面:一是提高防渗墙的建造质量和性能,使其在抗压强度、弹性模量以及防渗性能等方面更好地满足和适合工程需要与设计要求;二是降低成本,节约投资;三是先进技术和设备的推广应用。

1. 截渗墙施工工艺简介

(1) 高压喷射灌浆法。高喷技术的基本原理是利用高压射流作用切割、掺搅土层,改变原地层的结构和组成,同时注入水泥浆或混合浆形成凝结体,以达到加固地基和防渗的目的。

高喷板墙地下坝施工分为5个基本工序,即灌浆孔定位、灌浆孔造孔、下喷射管、灌浆。高喷灌浆施工工艺参数包括浆量、浆压、气量、气压、转速与摆速、摆角、轴线夹角、浆液比重和灌浆孔距等。经现场围墙试验,确定施工中采用的工艺参数。

(2) 振动沉模法。沉模板墙技术基本原理是利用振动桩机的强力高频振锤将空腹模板沉入地下,然后向模板内注入浆液,振拔后成墙。采用边缘为“工字”型的模板施工,以便于板和板之间的良好衔接。

振动沉模构筑地下防渗板墙,包括4个施工工序,即开挖导槽、振冲机就位、振动沉模和注浆提模。振动沉模施工工艺参数包括振动力、振频、提模速度、注浆压力和注浆流量等。经现场工艺试验，确定施工中采用的工艺参数。

（3）射水法。使用 CSF－30、SQ－30 型可在轨道上行走射水造墙机及其配套浇筑机，造孔机成型器内设高压喷嘴，两侧设有侧向喷嘴，成型器底刃采用高强合金钢制成。射水造墙机工作原理是：利用泥浆泵及成型器中的射流喷嘴形成高速泥浆流切割破碎地层。成型器作上下冲击运动，进一步破坏地层并修整孔壁，槽孔由泥浆固壁，用反循环砂石泵抽吸出孔内渣浆，以取得进尺。渣浆混合物经沉淀后，泥浆回收利用。槽孔成型后，采用直升导管法浇筑水下混凝土，采用平接技术建成混凝土连续墙。

射水造墙施工工艺分为成槽工艺和砼浇筑工艺两部分组成。成槽工艺机组由在同一轨道上电动行走的造孔机、硅浇筑机、砼拌和机组成，设备总功率为 150～180 kW。砼浇筑工艺由砼浇筑机组成，采用导管法水下砼浇筑建成砼单槽板或钢筋砼单槽板，并在施工中采用平接技术建成地下砼连续墙。

（4）液压抓斗法。抓斗法是指在坚硬的土壤与砂砾石透水地基中，依靠双颚板的开和关，开挖出一定尺寸的槽口，并在槽中填筑塑性混凝土或其他材料的建造防渗墙。液压抓斗法具体所指的是通过高压胶管将液压压力传送至抓斗，从而更好地完成张合与开闭。通过应用液压抓斗法，土和砂砾能够更好地成槽，清孔、换浆等工序也能够更好地开展，同时能够使工程达到施工技术标准。

在进行实际的施工过程中，液压抓斗法的施工主要包括凿孔开槽、导槽、成槽、护壁泥浆施工、混凝土防渗墙与槽段浇筑等。

（5）套井回填法。套井回填黏土防渗墙的机理是：利用冲抓式打井机具，在土坝或堤防渗漏地段，沿坝、堤轴线或坝、堤轴线上游 1 m 防渗范围内造井，单排或双排布孔，用黏性土料分层回填夯实，形成一道连续的套接黏土防渗墙，截断渗流通道，起到防渗的目的；同时在夯击时，夯锤对井壁的土层挤压，使其周围土体密实，提高坝体质量，从而达到防渗和加固大坝的目的。此项技术的特点是，套孔回填黏土经压实后，干容重增大，渗透系数减小，防渗效果好，并可下孔检查，保证质量。同时，也具有施工方法简单、操作方便、功效高、投资少等优点。回填料易就地取材，数量极大，且仅适用于水上施工，对水下或浸润线以下施工较为困难。

套井回填法的工艺流程为：布孔、造孔、开挖土、检查记录、回填、夯实、取样试验、回填完毕、清场。

2. 典型地下水库施工工艺

本书以王河地下水库为例，详细介绍高喷灌浆与振动沉模技术在地下水库供水工程中的应用。

（1）工程概况。王河地下水库地下坝工程分为西坝（0+000-7+269）、北坝（0+000-5+484）、副坝（0+000-0+840）三部分，坝轴线长 13 593 m，坝高 1.8～36.8 m，坝厚 18 cm。地下坝采用高喷灌浆和振动沉模两种施工工艺建造。其中，北坝段 2+946-3+248 和 3+368-4+522 段为高喷灌浆与振动沉模组合防渗墙，其余坝段为高压喷射防渗板墙。地下坝的基岩部分采用旋喷施工工艺，以上部分采用小角度摆喷施工工艺，振动沉模板墙与高喷板墙的结合部位采用旋喷施工工艺。

（2）高喷－板墙地下坝施工。高喷板墙地下坝施工分为5个基本工序，即灌浆孔定位、灌浆孔造孔、下喷射管、灌浆、封孔，如图3.2所示。

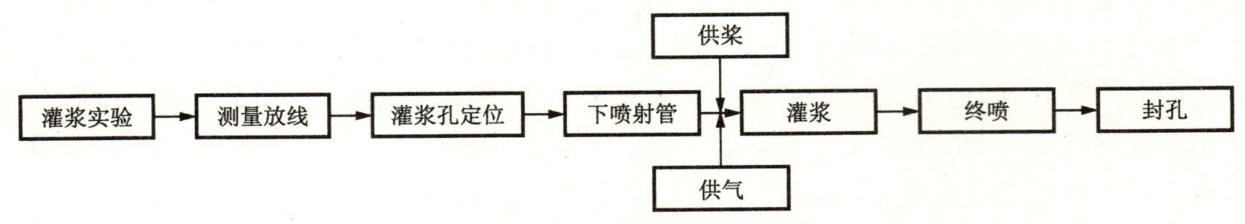

图3.2 高喷灌浆施工工艺流程

高喷灌浆施工工艺参数包括浆量、浆压、气量、气压、转速与摆速、摆角、轴线夹角、浆液比重和灌浆孔距等。经现场围墙试验，确定施工中采用的工艺参数（表3.3）。

表3.3 高喷灌浆施工工艺参数值

喷射形式 工艺参数	定　喷	摆　喷	旋　喷
浆量（l/min）	90	90	90
浆压（MPa）	38～40	38～40	38～40
气量（m^3/min）	1.5	1.5	1.5
气压（MPa）	0.7	0.7	0.7
提速（cm/min）	14	10	10
转、摆速（r/min）	—	10	10
摆角（°）	—	15	—
轴线夹角（°）	20	20	—
浆液比重（g/cm^3）	1.5	1.5	1.5
灌浆孔距（m）	1.4～1.6	1.4～1.6	1.4～1.6

（2）振动沉模板墙地下坝施工。振动沉模构筑地下防渗板墙，包括4个施工工序，即开挖导槽、振冲机就位、振动沉模和注浆提模，如图3.3所示。

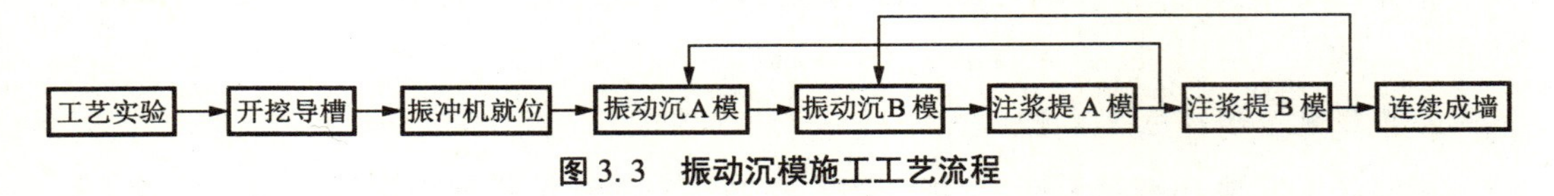

图3.3 振动沉模施工工艺流程

振动沉模施工工艺参数包括振动力、振频、提模速度、注浆压力和注浆流量等。经现场工艺试验，确定施工中采用的工艺参数（表3.4）。

表3.4 振动沉模施工工艺参数值

工艺参数	振动力 （kN）	振频 （r/min）	注浆压力 （MPa）	注浆流量 （l/min）	提模速度 （cm/min）
参数值	570	1 050	4	200～500	1～2

（3）工程质量检测。为检验地下坝的施工质量，沿主坝轴线共布置围井 13 眼，进行板墙试件物理学性能测试和围井注水试验，试验结果如表 3. 5 所示。从试验结果可知，地下坝的设计渗透系数 K 为 3×10^{-8} cm/s，设计抗压强度高。上述板墙试件室内试验与现围井注水试验检测结果表明：地下坝的渗透系数与抗压强度两项主要指标，均达到了设计要求。

表 3.5　地下坝施工质量检测结果

围井编号	围井桩号位置	板墙试件测试结果		围井注水试验结果（cm/s）
		渗透系数（cm/s）	抗压强度（MPa）	
1	西坝：1+083	7.4×10^{-8}	10. 9	2.20×10^{-7}
2	西坝：1+691	6.30×10^{-8}	9. 2	1.56×10^{-7}
3	西坝：3+210	2.65×10^{-8}	16. 4	5.17×10^{-8}
4	西坝：4+832	2.59×10^{-8}	17. 5	1.05×10^{-7}
5	西坝：5+680	1.45×10^{-8}	19. 1	1.96×10^{-7}
6	西坝：6+085	—	—	3.21×10^{-7}
7	北坝：0+843	2.09×10^{-8}	16. 3	4.01×10^{-7}
8	北坝：1+793	2.40×10^{-8}	15. 7	2.99×10^{-6}
9	北坝：2+628	1.75×10^{-8}	18. 3	2.10×10^{-7}
10	北坝：2+914	4.49×10^{-8}	6. 2	1.11×10^{-6}
11	北坝：3+618	6.12×10^{-8}	5. 4	3.00×10^{-6}
12	北坝：4+137	6.72×10^{-8}	6. 3	2.18×10^{-6}
13	北坝：4+835	3.07×10^{-8}	5. 6	1.06×10^{-6}

3.3 地下水库工程的效益分析

3. 3. 1　水资源效益

根据以上分析，山东半岛建设地下水库可大幅度提高水资源调蓄能力，若上述地下水库全部建成，总库容可达 $11.4 \times 10^{8}\ m^{3}$，调节库容近 $6 \times 10^{8}\ m^{3}$，每年增加水资源供应量约 $2 \times 10^{8}\ m^{3}$ 以上，超过目前实施的引黄水量，因此地下水库建设的水资源效益显著[21]。

3. 3. 2　生态环境效益

地下水库的建设涵养了水源，阻断了海水入侵，生态环境显著改善。莱州王河地下水库 2004 年建成后，地下水位明显回升，海水浸染面积大幅减少，由建库前的 78. 69 km^2，减少为 25. 36 km^2，减少了 68%；在王河下游地段地下水中氯离子含量比建库前减少了 50. 6%，确保了莱州三山岛新区和周围大型矿山企业三山岛金矿、仓上金矿等的生产和生活用水。

3.3.3 经济效益

根据山东半岛的地质和自然地理条件，利用地下水库调蓄水资源，也会产生十分可观的经济效益，其水资源成本远小于建设同等规模的地表水库和调引客水的成本。据有关测算，若按地下水库的设计调蓄能力运行3～5年，其供水效益就能相当于投入的所有工程成本。

第4章

典型滨海地下水库工程设施与管理运行

山东半岛已经建成了大沽河地下水库、黄水河地下水库、王河地下水库、八里沙河地下水库和大沽夹河地下水库，日照市的两城河地下库也正在建设当中。

本章详细介绍了这6个水库的水文地质概况、水利工程设施和建成后的管理运行情况。

4.1 大沽河地下水库

4.1.1 库区的水文地质概况

1. 地理位置

大沽河地下水库位于青岛市大沽河中下游，面积为421 km^2，总库容为$3.84\times10^8\ m^3$，调节库容为$2.38\times10^8\ m^3$，保留库容为$1.46\times10^8\ m^3$。地理坐标为东经120°04′48″～120°21′00″，北纬36°16′00″～36°45′45″，海拔高程为0～40 m。东西边界为大沽河古河谷的边缘，北部边界为大、小沽河的出山口，南部边界为麻湾庄截渗墙。

2. 地下水的赋存

大沽河地下水库的地下水主要赋存于第四系冲积-冲洪积层中，岩性主要为砂、砂砾石层。在垂向上，大沽河含水层上覆地层为黏质砂土或砂质黏土，属弱透水层；潜水含水层为中粗砂，含有少量砾石；下伏地层主要为白垩系王氏组细砂岩、粉砂岩、黏土岩和砂砾岩，透水性较差，构成了区域的隔水底板。在纵向上，含水层的富水性相差不大，上游含水层厚度较薄，有些区域砂层直接出露于地表，易于接受河流和降水补给；下游含水层厚度较厚，透水性和接受补给条件较上游差(图4.1)。

含水层沿古河道呈条带状分布，东西宽度为6～8 km，中间厚，两边薄，平均厚度为5.19 m。中间富水性和导水性好，向两侧逐渐变差(图4.2)。

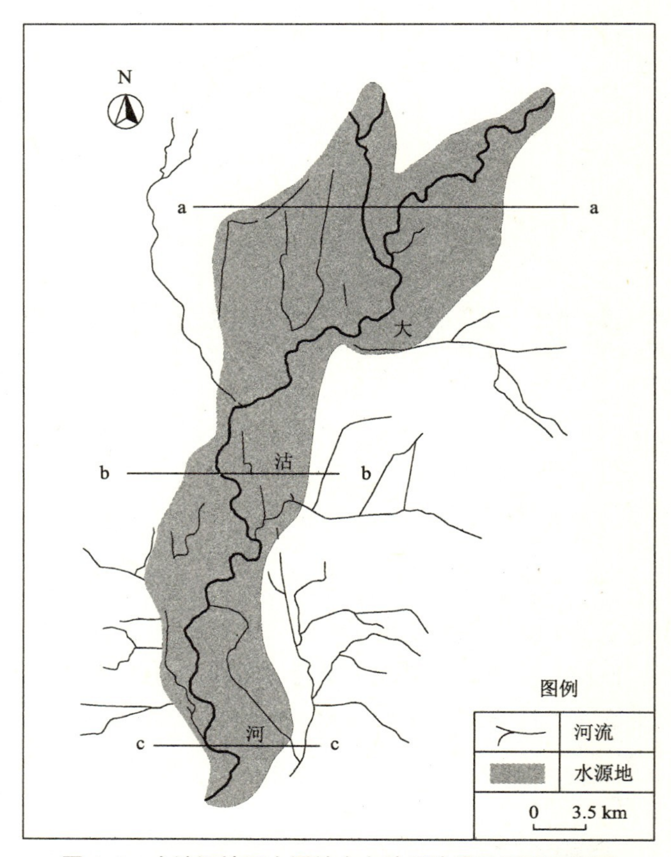

图 4.1　大沽河地下水源地水文地质边界及剖面示意图

3. 地下水补给

大气降水入渗补给地下水是潜水获得水量的主要途径，降水的补给是面状补给。大沽河中下游河谷平原地形平坦，人工植被覆盖面广，含水层埋藏浅，上覆黏性土层较薄，渗透性能较强，有利于大气降水对地下水的入渗补给。影响降水补给的因素很多，它不仅取决于降水本身的特性，而且与渗透层（包气带）及含水层的性质和状况有关。该区平均的降水入渗系数为 0.23 m/d，降水补给占地下水补给量的 50% 以上。

大沽河自北向南纵贯全区，河水与地下水关系密切。沿河出现的“天窗”使上下砂层相沟通，河水与地下水连接形成统一水体，为“两水”的相互转化创造了十分有利的条件。河水与地下水之间的转化关系，取决于两者水位的相对高低。本区河水与地下水之间具有相互补给的关系。

本区种植蔬菜和粮食，所以灌溉入渗补给也是地下水的补给来源之一。

4. 地下水排泄

天然条件下，地下水的径流是自上游向下游运动。下游的截渗墙建成后，当地下水位高于 0 m 标高线时，截渗墙两侧的地下水才会发生水力联系。工农业开采是库区的主要排泄方式，包括工业开采、农业开采和农村生活用水。该地区工业和农业开采总量约为 $131.24 \times 10^4\ m^3/a$。

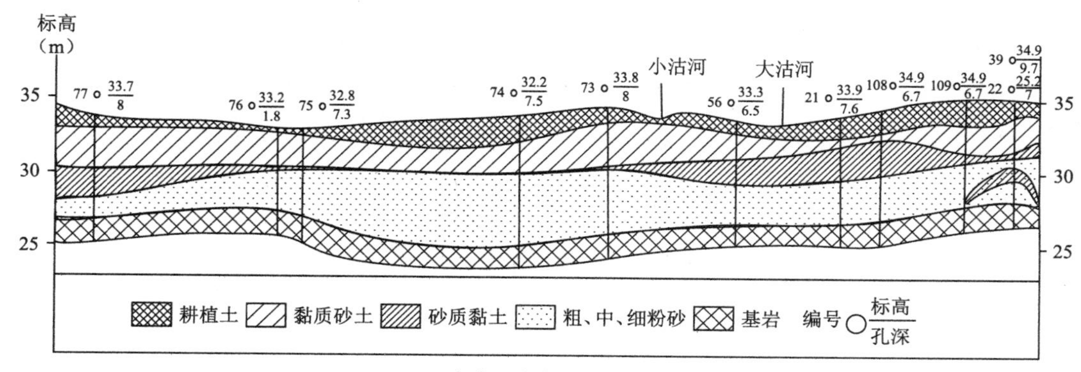

（a）大沽河平原区 a-a 地质剖面

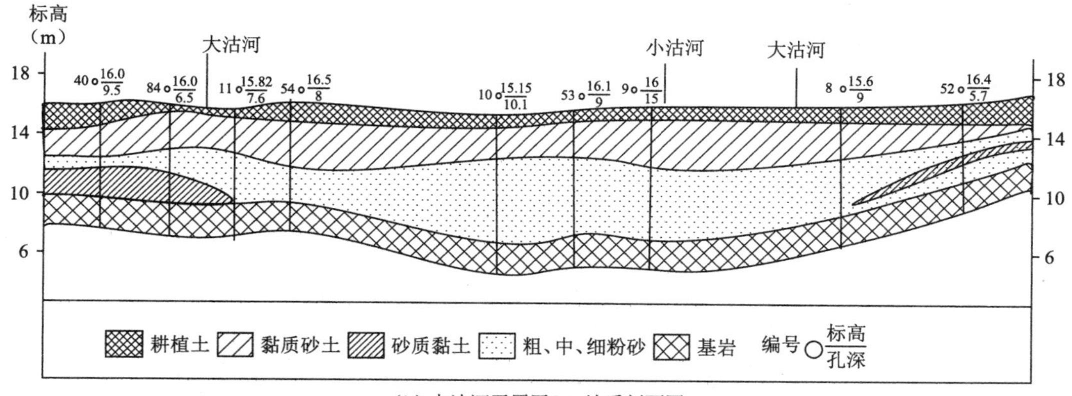

（b）大沽河平原区 b-b 地质剖面图

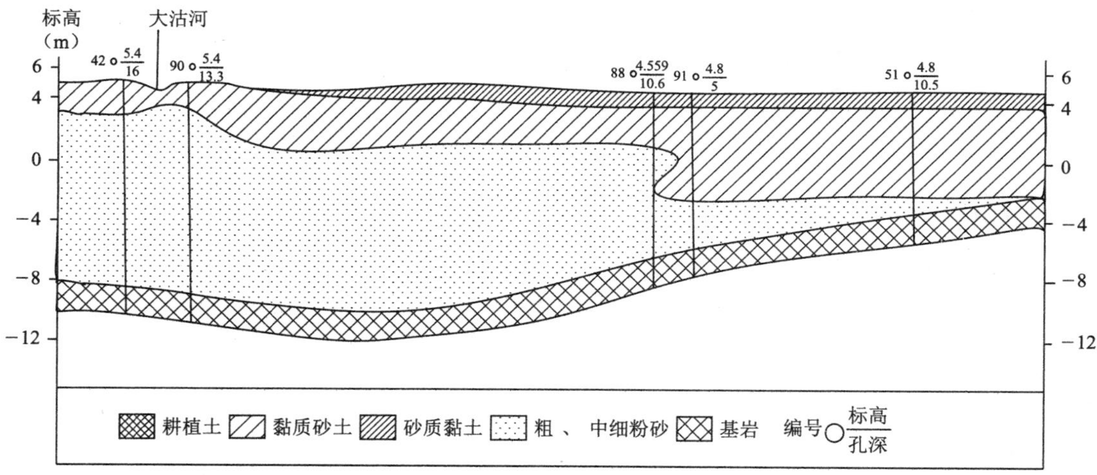

（c）大沽河平原区 c-c 地质剖面图

图 4.2　大沽河地下水源地水文地质剖面图

5. 地下水动态特征

研究区内地下水水位从 10 月份至次年 3 月份呈缓慢下降趋势，变化幅度相对于地下水位值较小；进入 4 月份后，地下水位开始出现较大幅度的下降；在 6、7 月份出现水位波动现象，而部分区域没有波动现象；在 9 月中旬前后水位值达到全年最高值（图 4.3 和图 4.4）。地下水位的年内变化幅度一般为 2～3 m。

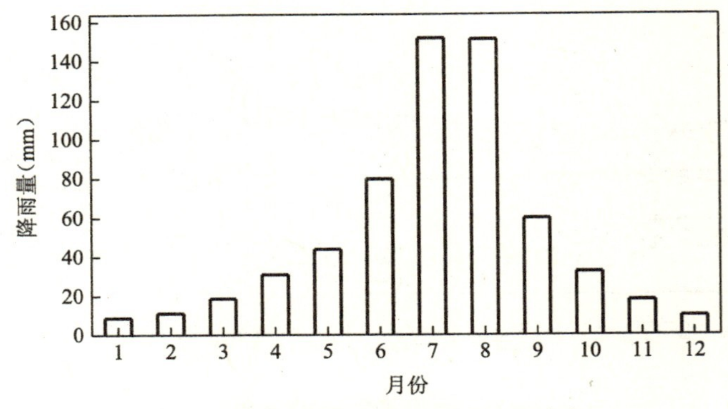

图 4.3 大沽河流域月平均降水量分布

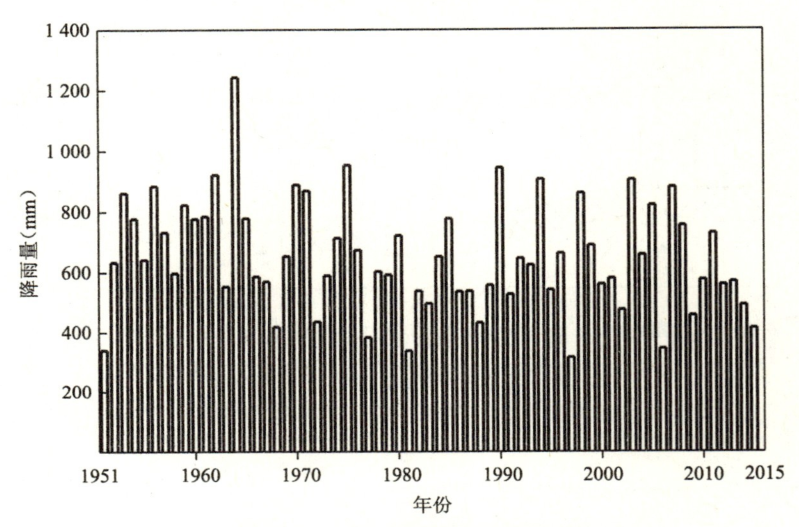

图 4.4 大沽河流域年降雨量分布

4.1.2 水利工程设施

1. 截渗墙

为了阻止水库下游的咸水入侵，保护地下水水质，在地下水库的南段设置地下截渗墙。地下水库截渗墙工程位于胶州市李哥庄镇，西起大沽河麻湾拦河闸，向东经大沽河左岸滩地，穿过李哥庄公路后，向东又穿过204国道至大沽河左堤，然后再向东至魏家屯村东南距204国道以南约600 m处为止，总投资1 094万元。该工程于1997年10月开工，1998年6月竣工，新建截渗墙总长4 248 m，总截渗面积35 445 m^2。其中，垂直土膜截渗墙长850 m，面积3 857 m^2；混凝土高压喷射截渗墙长3 398 m，面积31 588 m^2。

截渗墙建成后，2000～2003年连续4年对截渗墙两侧地下水水质进行监测。监测结果表明，截渗墙上游地下水水质(主要控制氯化物指标)明显优于下游水质，氯离子含量明显下降，说明截渗墙上游海水入侵已基本得到控制。

2. 拦河闸/坝工程

根据地下水库回灌系平面布置要求，在江家庄、沙湾庄、袁家庄、移风店、崖头、岔河、贾疃、南庄等地设置拦河建筑物。考虑到经济合理和便于施工及管理，选用橡胶坝形式，设计坝高 2.0 m。除沙湾庄、桃园两座坝为新建外，其余各坝均可在现有拦河闸位置上进行改建。

从 1997 年开始，大沽河流域进入一个新周期的枯水时段，青岛市的供水需求矛盾也日益突出。为了充分利用大沽河流域雨季的弃水，在大沽河地下水库范围内修建了袁家庄、移风店、崖头、贾幢、岔河五条橡胶坝，对大沽河雨季的地表弃水进行层层拦截，总拦水能力为 $1\,487 \times 10^4\ m^3$。2012 年 2 月 8 日，大沽河治理正式奠基，10 月份全线堤防工程开工建设，这是青岛市历史上首次对大沽河进行全流域、全方位治理。自上游至下游依次新建或改造国道 309 拦河坝、旱朝拦河闸、孙受拦河闸、许村拦河坝、庄头拦河坝、程家小里拦河闸、孙洲庄拦河闸、移风拦河闸（改建）、大坝拦河坝，分别采用环形闸、钢坝、充气、液压等国内外先进技术和挡水形式。拦河闸以及橡胶坝的修建改变了大沽河径流的分配，极大地增加了河水对地下水的补给。

3. 地下水库回灌补源系统

根据地下水库平面形状、水文地质情况，将回灌系统划分为三个区：北部（崖头 - 斜庄以北）、中部（南村 - 岔河以北）、南部。北部为龙虎山、江家庄、沙湾河拦河坝及其回灌系统，中部为崖头、桃园、移风拦河坝及其回灌系统；南部为岔河、贾疃、南庄拦河坝及其回灌系统。回灌系统包括干渠、支渠、斗渠及沉淀池和渗井。沉淀池设置于干渠饮水闸附近，用于沉淀泥沙及悬浮物，防止渠道淤积和渗井的堵塞。渗井设置在斗渠上，按每平方千米 18～25 眼布置。渠底为砂层的斗渠不再设置渗井，渠道本身作为渗渠使用。回灌系统的设计回灌能力约为每天内回灌 $580 \times 10^4\ m^3$ 水量的要求进行布置和设计。

4. 地下水开采工程

地下水开采工程是指用于抽取地下水的各种开采井、集水廊道及附属构筑物等。根据《青岛市第一次水利普查总体报告》可知，大沽河地下水源地有规模以上机电井（包括井口井管内径 200 mm 及以上的灌溉机电井、日取水量 $20\ m^3$ 及以上的供水机电井）11 132 眼、规模以下机电井 29 314 眼、人力井 68 155 眼。目前大沽河地下水源地实际人工开采量为 $20.54 \times 10^4\ m^3/d$。

4.1.3　大沽河地下水库的管理与运行

1. 地下水库的管理

（1）管理机构。青岛市水利局下设大沽河管理局，依法对河道、水利工程综合管理，确保行洪安全。对河道管理范围内水利工程及其设施建设项目施工监督管理，参与建设项目审查、立项、验收；河道污染治理，河道、堤防、闸坝、护岸工程的维修、养护与综合管理，大沽河信息化建设及管理。

另外，在莱西市水利局、即墨区水利局、平度市水利局、胶州市水利局都安排专门人员，对大沽河地下水源地的开发、利用和保护进行管理。

（2）管理制度。为了使地下水库实现良性运行，有关部门制定了以下管理制度。

① 对供水、用水、排水、节水、污水处理及回用水源保护进行全过程管理，实现水资源

的开发利用与水环境的协调发展。

② 加强取、排水许可证管理制度，加大水事违法案件的处理力度，规范水市场开采秩序。

③ 对那些效益低、耗水高、排污量大的项目坚决给予关、停、转；利用经济杠杆，通过提高水价、水资源费，收取排污费及超计划用水加价收费等手段促进节约用水。

④ 加强城市基础设施建设，主要是加强供水管网改造、节水器具和节水设施改造、排水管网的配套建设、污水处理及回用设施建设、雨水收集设施建设等，提高城市节水水平，相应降低大沽河水源地的开采压力。

2. 水位和水质监测

(1) 水位。大沽河地下水源地总共有287眼监测井，其中一期监测井有50眼，二期监测井有90眼，三期监测井有147眼。2008年以来，水利部门对147眼地下水监测井的水位进行实时监测，监测数据接入青岛市水利局的地下水信息管理系统。同时，大沽河各个拦河闸/坝均定期进行水位监测。大沽河地下水库区地下水位过程线如图4.5所示。

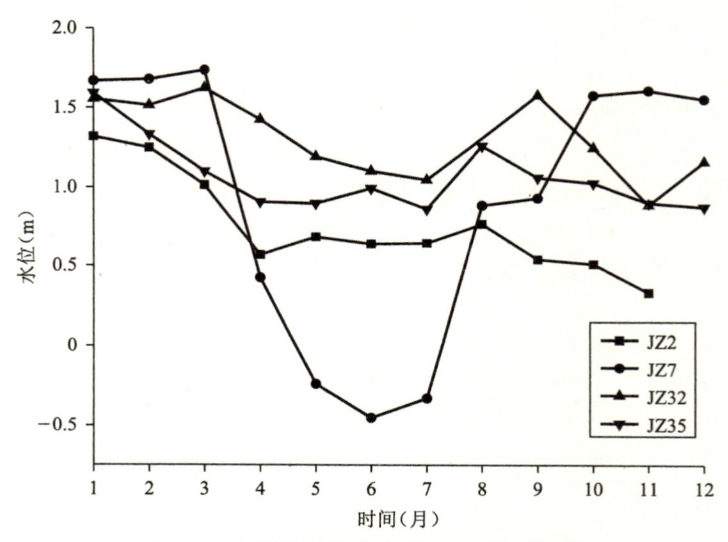

图4.5 大沽河地下水库区地下水位过程线

(2) 水质。水资源的节约保护、综合开发与利用，是项长期而艰巨的任务，为解决饮水安全问题，实行最严格的水资源管理制度，不断提升水资源管理水平，加强水质的动态监测非常必要。

为了更好地监测大沽河地表水水质，水资源管理部门在大沽河流域范围内设置了7处地表水河流水功能区监测站，分别为大沽河芝河饮用水源区监测站、大沽河上游饮用水源区监测站、大沽河农业用水区监测站、大沽河江家庄过渡区监测站、大沽河麻湾桥饮用水源区监测站、大沽河南庄闸工业用水区监测站、大沽河排污控制区监测站。这些监测站每年进行3次(5、8、11月)水质监测，监测的指标有20项，具体包括：pH值、溶解氧、高锰酸盐指数、化学需氧量、五日生化需氧量、氨氮、氟化物、总磷、挥发酚、氰化物、铬(六价)、阴离子表面活性剂、硫化物、汞、硒、砷、锌、铅、镉。

为了监测地下水水质，水资源管理部门还在大沽河地下水源地设置了地下水水质监测站，有三湾庄监测站、官庄监测站、大吕戈庄监测站、龙湾头监测站、南沙梁监测站、小窑监测站、大高监测站、谈家庄监测站、矫戈庄北监测站、南村水利站、东仁兆监测站、官路监测站、西二甲监测站、朴木监测站、何荣西村监测站、东小埠监测站等 17 个监测站（图 4.6），每年进行 2 次（4、9 月）水质监测，监测的指标有：pH 值、总硬度、溶解性总固体、氰化物、氟化物、硫酸盐、氨氮、硝酸盐氮、亚硝酸盐氮、高锰酸钾指数、挥发酚、砷、汞、镉、铬（六价）、铅、铁、铜、锰、锌。

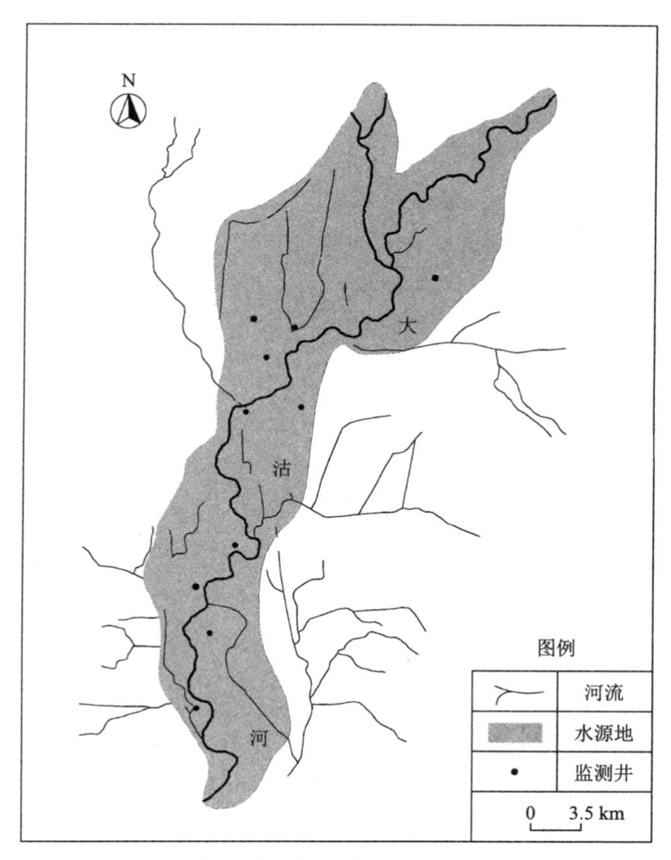

图 4.6 水质监测站点分布

3. 地下水库运行情况

自从 1998 年大沽河地下水库建成以来，经过 16 年的运行已经取得了良好的经济效益和社会效益。

（1）防止海水入侵。地下水库建成后，通过截渗墙的拦截作用，阻止了海水向截渗墙上游的入侵，改善了地下水的水质状况。截渗墙上游地下水水质（主要控制氯化物指标）明显优于下游水质，氯离子含量明显下降。

（2）提高供水能力。地下水库的建成，也拦蓄了部分地表径流和地下潜流，补充了地下水资源，提高了水源地供水能力。2001 年“8.01”大洪水，通过地下水库的拦蓄，库区地下水位得到大幅度上升，平均上升 2.05 m，增蓄地下水量 $8\ 600 \times 10^4\ m^3$。地下水质的改善以及地下水位的抬升增加了供水能力，使得人畜吃水困难得以解决，也保证了工业和农业用水。大沽河地下水库已经成为青岛市工业、农业和人民生活用水的重要水源地。

（3）增加粮食产量。地下水库建成后，截渗墙的建设阻止了海水入侵，使 633 hm^2 的次生盐渍化农田恢复生产，灌区每年增产粮食将近 0.41×10^4 t，给农民带来了巨大的经济效益。

4.2 黄水河地下水库

4.2.1 库区水文地质概况

1. 地理位置

黄水河地下水库位于龙口市境内黄水河中下游平原区，库区北面濒临渤海，东西两侧被低山丘陵环抱，是典型的滨海地下水库。库区地形平坦开阔，高程为 1.7～43.0 m，地势总体为东南高、西北低。水库建成于 1995 年，库区东西宽约 5 km，南北长约 10.5 km，总面积 53 km^2。地下水库总库容 $5\,359 \times 10^4$ m^3，最大调节库容 $3\,929 \times 10^4$ m^3。

2. 地下水的赋存

库区南部分布变质岩，属隔水层，为隔水边界；东部丛林寺河以南分布古近系砂砾岩、黏土岩，属弱透水层，为隔水边界；西部羊岚－宋家疃一带，为山前倾斜平原区，地层透水性较弱，应视为隔水边界。库区包气带岩性为砂质黏土、黏质砂土和砂。库区中下游河道表层具有分布稳定的厚为 3～17 m 的黏性土层，透水性较差。库区第四系含水层厚度为 10～30 m，岩性主要为砂质粗砂，富水性强，各含水层之间及地表水与地下水之间存在良好的水力联系。库区基底为古近系砂砾岩、黏土岩，为良好的隔水底板。

3. 地下水的补给

黄水河流域地下水以大气降水及河川径流入渗补给为主，东部、南部山丘区基岩地下水侧向补给量较少。支流黄城集河在龙口、蓬莱两市交界处蓬莱市一侧的岳家圈村附近做了地下潜流截流工程，对黄水河地下水库无侧向补给。

4. 地下水的排泄

地下水的排泄方式主要是城市生活、工业、农业开采。由于地下水埋深大于 3 m，所以不考虑蒸发。

5. 地下水动态特征

在时间上，由于受大气降水、季节、年际分配极不均匀的影响，研究区地下水动态变化严格受季节和年际的控制。年内枯水季节地下水位下降，丰水季地下水位上升；年际连续枯水年地下水位大幅度持续下降，丰水或连续丰水年地下水位回升幅度较大。在空间上，由于受含水层厚度、透水性及补给条件的影响，在地下水库中部含水层赋水能力较强，而在边缘地带赋水能力较差。

4.2.2 水利工程设施

1. 回灌补源工程

回灌补源工程目的是为了加大地表径流的入渗量，尤其是洪水向地下水的转化量，主要是通过在河床建设渗沟、渗渠、渗井等措施，与地下含水层沟通，增加地下水入渗量。为确定人工补源井的入渗量，龙口市水利局于 1990 年在黄水河进行了人工补源试验，模拟黄水河汛期洪水流经机渗井（有机钻施工的水泥管井）和人工组合渗井（回添砂桩式的人工开挖浅井）的组合入渗情况，历时 35 d，取得机渗井、人工渗井在浑浊径流条件下的稳定入渗量。模拟浊度与黄水河行洪时的浊度相近，结果表明，单机渗井入渗量 404 m^3/d，人工渗井 76 m^3/d。黄水河中下游河道中河床下 2 m 内含有亚砂土、亚黏土，分布面积占河床总面积的 61%，削弱了地表径流向地下转化的能力，此地段建有人工渗井 2 218 眼、机钻渗井 30 眼、集水渗盆 773 个、集水渗沟 48 条，形成了人工渗井与机钻渗井相结合、集水渗盆与集水渗沟相结合、渗井与渗沟相结合的复合促渗构筑，强化了地表水向地下水的转化。

2. 地表拦蓄工程

在河道中修建一个或多个拦水闸（如翻板闸），以延长地表水在河床上的滞留时间和引渗地下的时间，增加对地下水的补给，尽量减少入海弃水量。在黄水河主干河道中下游的侧高、西张家、妙果、黄河营修建了 4 座大型水力自控式钢筋混凝土翻板拦河闸，对地表径流进行梯级拦截，与补源渗井工程相配合，组成地表地下复合促渗补源工程。拦河闸为 10 孔翻板闸，每孔长 20 m，闸高 2.5 m，左岸设有 2 孔宽约 2 m 的提升闸，水深达到 2.6～2.8 m 时，钢筋混凝土拦水板自动翻倒放水。4 座拦河闸一次性蓄水能力为 279.5×10^4 m^3，年复蓄利用水量 796×10^4 m^3。

3. 地下帷幕坝工程

地下帷幕坝工程是地下水库的重要组成部分，与地表拦河闸工程密切配合，将最后一道地表拦蓄和地下帷幕坝上下连接共同拦蓄水资源。闸内拦蓄地表径流，闸外拦截海潮，坝内拦蓄地下径流，坝外阻挡海水入侵，使河谷区成为储存淡水的场所。黄水河地下水库在黄水河下游距海边 1.2 km 处建有一座地下挡水坝，截面长度 5 996 m，平均坝高 26.7 m，最大坝高 40.1 m，最大坝底坝深 43.4 m，截面总面积 159 812.6 m^2，具有拦截入海地下潜流和阻挡海水内侵的双重作用。

4. 提水工程

结合引渗工程，用集水廊道、辐射井、集水井等通过水泵开采地下水，送入供水管线。

5. 供水工程

开采的地下水通过输水管线，直接送入管道中或就近利用，经净水处理后送至用户。在黄水河地下水库范围内，除了分散取水外，已经建成了 4 个集中供水水源地，分别是龙口电厂水源地（有 2 眼开采井）、城市供水水源地（有 7 眼开采井）、丛林热电厂水源地（有 4 眼开采井）和造纸总厂水源地（有 4 眼开采井）。

6. 排污工程

为防止河谷地下水被污染，将流域内的污水通过封闭的排污管道，统一排泄至库区外集中处理。黄水河下游地区，供水工业比较发达，特别是乡镇企业较多，带来的工业污染也比较严重。为此，龙口市沿着黄水河的右岸铺设管道，对库区内工业排放的污废水用管道集中输向海边，经处理后再排入渤海。输水管线总长 38. 6 km，主管道直径 0. 5 m，按重力流排放，支管道直径 0. 35 m，由控制池（塔）控制排放，属有压排水，排污能力 374×10^4 t/a。采用这种措施，可以减少污废水对库区地下水质的不良影响。

7. 管理监测工程

管理监测工程的作用是监测地下水动态，提供信息并服务于管理、决策和控制，使地下水库长期、稳定、有效地运转。地下坝两侧有 6 组 12 眼观测孔，库区范围内有 5 个地下水观测点，这些观测点除观测水位外，每两个月进行一次区域性取水样，进行水质分析，重点地段进行水质加密监测。

4. 2. 3 黄水河地下水库的管理与运行

1. 地下水库的管理

（1）管理机构。经了解，黄水河地下水库现在处于自然运行状态，没有设立专门的管理机构。

（2）管理制度。

① 禁止建设与水库设施无关的建筑物，禁止倾倒、堆放工业废渣及城市垃圾、粪便和其他有害废弃物；禁止建设油库和建立墓地。

② 禁止建设化工、电镀、皮革、造纸、冶炼、制浆、放射性、印染、染料、炼焦、炼油及其他有严重污染的企业，已建成的要限期治理，转产或搬迁；禁止设置垃圾、粪便和易溶、有毒有害废弃物堆放场和转运站，已有的要限期搬迁；严格控制含重金属、致癌等有毒有害物质的废水排放。

③ 不得使用不符合我国《农田灌溉水质标准》的污水进行灌溉，合理利用化肥；保护水源涵养林，禁止毁林开荒。

④ 禁止利用渗坑、渗井等排放污水和其他有害废弃物；禁止利用透水层孔隙、裂隙及废弃矿坑储存石油、天然气、放射性物质、有毒有害化工原料、农药等；进行人工回灌地下水时不得污染地下水源。

⑤ 建立健全用水管理制度。制定出切实可行的科学管理办法，执行地下水源地保护管理条例与办法。实行“取水许可证制度”，合理开采利用地下水。

2. 水位和水质监测设施

（1）水位。在原来区域地下水动态观测的基础上，将库区作为独立的观测单元，建立观测网络，55 个观测点形成了一条横剖面和两条纵剖面，对地下水位进行 5 天一次的人工观测。根据地下水库所布置的动态观测井，定期掌握库区的地下水位变化，用于指导和控制库区内的地下水资源开采利用状况。

（2）水质。为了监测地下水水质，水资源管理部门在黄水河地下水库区建立了6眼自动遥测井，对水质进行一年两次的监测，分别在6月初和12月初，集中取样进行化验分析。监测指标同大沽河地下水库的监测指标相同。

3. 地下水库运行情况

（1）调蓄水资源。修建地下水库可有效拦截地表径流，增加水资源可供给量。地下水库建成前，黄水河多年平均入海径流量为9 800 × 10^4 m^3；地下水库建成后，黄水河年均入海径流量为7 580 × 10^4 m^3，每年减少地表径流2 220 × 10^4 m^3，占入海径流量的22. 65%。

（2）防止海水入侵。建坝前库区 Cl^- 浓度为300～600 mg/L，建坝后的2006年和2007年库区 Cl^- 浓度分别为63. 6 mg/L和121 mg/L，Cl^- 浓度明显降低。根据龙口市水资源办公室的调查资料，自1995年以来，龙口市地下水位负值区面积一直在减少，已由1995年的240 km^2 减为2004年的79 km^2，海水入侵区面积也由1995年的108 km^2 减小至2004年的81 km^2。

（3）提高地下水位。建坝后地下水位普遍抬高，与地下坝开始施工的头一年1992年相比，1996年降水量偏丰，库区地下水位比1992年同期抬高了3. 88 m；1997年为枯水年，库区6月、12月地下水位较1992年同期仍分别抬升了1. 94 m和1. 27 m；1998年为平水年，降水量略大于1992年，全年平均水位上升了2. 43 m；1999年到8月底仅降水273. 8 mm，比1998年同期少了248. 9 mm，该年地下水位呈下降趋势，但仍比1992年同期高了1. 86 m。

（4）恢复湿地。通过地表拦蓄工程，恢复了黄水河流域部分湿地，改善了当地的生态环境，为动植物提供了栖息地。

（5）增加供水量。除分散取水的生产井外，库区共建有开采井37眼。在这些开采井中，有12眼是在地下水库建成后建设的，这些开采井每年从库区抽取地下水水量达到2 500 × 10^4 m^3，使黄水河地下水库成为龙口市工农业生产和人民生活的重要水源地之一。

4.3 王河地下水库

4.3.1 库区水文地质概况

1. 地理位置

王河地下水库位于莱州市西北20 km处，王河流域的中下游。东部边界北起街西基岩裸露处，向东至桑家村南；西部边界北起仓上残丘，南至龙王河；南部边界东起曲家村北，西至武家村西南，北部边界东起街西村，西至仓上残丘，库区总面积68. 49 km^2。该工程于2003年完成主体工程，2004年竣工，属滨海平原有坝型地下水库。地下水库的总库容为5 693 × 10^4 m^3，调节库容为2 080 × 10^4 m^3（图4. 7）。

2. 地下水的赋存

受地形、地貌及区域地质的影响，研究区地下水类型为第四系孔隙潜水及基岩裂隙水。孔隙潜水广泛分布于滨海平原山前冲积平原及王河故道中；基岩裂隙水主要分布于

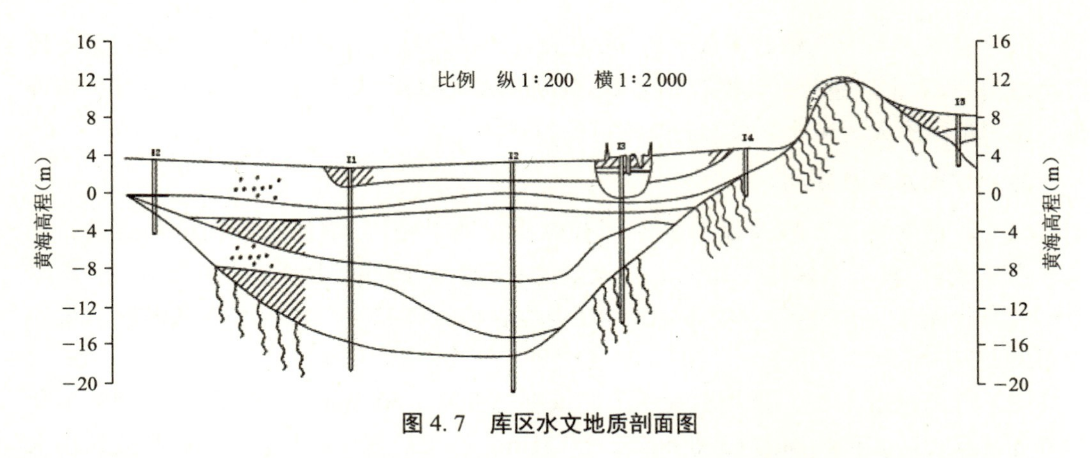

图 4.7 库区水文地质剖面图

单山－街西－前邓、埠上－迟家－埠南尹家－桑家－战家、淳于、三山岛、仓上的太古－元古界山东群民山组变质岩和燕山晚期花岗岩的风化及构造裂隙中。地下水库含水层岩性为砾质粗砂、微含土砾质粗砾、中细砂及砂壤土；库区基底由太古－元古界山东群变质岩及燕山晚期侵入岩组成，岩石易风化成土状，属微透水层，视为相对隔水底板。

3. 地下水的补给

王河地下水库的主要补给来源是大气降水，小部分来自河流入渗和基岩裂隙水侧向渗透补给。

4. 地下水的排泄

地下水的排泄方式主要是人工开采，少量在运移过程中蒸发，随着开采量的增大，直接导致地下水位下降迅速，地下漏斗面积变大，加快了海水入侵的速度。

5. 地下水动态特征

区域地下水的主要补给来源是大气降水，大量开采地下水造成汛前地下水位下降幅度较大。在后吕、前邓两村附近形成较大的漏斗区，至汛期末，地下水位接受大气降水和河川径流的补给，水位回升明显，水位变化稍滞后于降雨，变化规律基本一致。地下水位的动态变化，还取决于河川径流量的大小。王河属季节性河流，汛期河水暴涨暴落，以地表径流形式大量排入渤海湾，旱季出现长时间的断流。区域地下水动态规律严格受大气降水控制，年内、年际分配极不均匀，枯水期地下水位下降，丰水期地下水位回升；连续枯水年地下水位大幅度下降，丰水年地下水位较大幅度回升。

4.3.2 水利工程设施

1. 地下防渗板工程

地下防渗板墙为王河地下水库的主体工程，采用高喷灌浆和振动沉模工艺建成，包括北坝、西坝和副坝 3 部分。其中北坝 2+946－3+248 段和 3+368－4+522 段为高喷灌浆与振动沉模组合防渗墙，其余坝段为高压喷射防渗板墙。地下坝长 13 593 m，坝高 1.5～36.8 m，坝厚 18 cm，对外起到了阻挡海水入侵的作用，属于海水入侵工程性实体帷幕治理措施。地下防渗板墙与周围的不透水边界组成了王河地下水库库区的范围。

2. 地面拦蓄补源工程

地面拦蓄补源工程包括拦河闸及橡胶坝等，扩大了河道的拦蓄水量，延长了地表水向地下水的转化时间，最终增加了地表水的入渗量。

3. 地下回灌补源工程

地下回灌补源工程则包括了王河河道内及过西引水渠内的人工渗井和渗渠等，大大增加了地表水向地下水的转化效率。地下回灌补源工程主要包括三段：西由闸至过西坝段，过西坝至院上闸段，院上至库区南边界段。经估算，正常年份每年可增加回灌量 1 180 多万立方米。

4.3.3　王河地下水库的管理与运行

1. 地下水库的管理

（1）管理机构。王河地下水库主管单位为莱州市水务局，设有王河地下水库管理所，为要负责对河道拦河闸坝的管理。

（2）管理制度。

① 为改变不合理的开采布局，要在实际运行中加强水资源的综合管理，合理调整开采井的布局，以最大限度地发挥地下水库的调节作用，使有限的水资源得到最大限度的利用。

② 建立健全用水管理制度。制定出切实可行的科学管理办法，执行地下水源地保护管理条例与办法。实行“取水许可证制度”，合理开采利用地下水。

③ 在地下水库的运行过程中，做好工程的维修与养护工作，因为在地下水回灌过程中，自渗回灌井会受到不同程度的堵塞。

2. 水位和水质监测设施

（1）水位。为了定期掌握库区的地下水位变化，烟台市水文局在王河地下水库设置了 2 眼自动监测井，对地下水位进行每天一次的自动观测，用于指导和控制库区内的地下水资源开采利用状况。

（2）水质。为了监测地下水水质，莱州市水资源办公室在王河地下水库区建立了水质监测井，对水质进行每年一次的监测，集中取样进行化验分析。监测指标同大沽河地下水库的监测指标相同。

3. 地下水库运行情况

（1）防治海水入侵。王河地下水库修建后，由于地下防渗板墙的截渗效果，海水入侵得到控制，库区海水入侵面积由 78.69 km^2 减少为 25.36 km^2，减少比例高达 68%，海水入侵防治效果良好。海水入侵得到有效控制后，库区内地下水质状况逐步好转，从而取得地下水质淡化的生态效果。

（2）提高地下水位。王河地下水库的修建使得库区地下水位比建库前抬高了 3.31 m。由于地下水位的回升，库区内原先由于取不到水而废弃的取水井重新得以利用，从而使得抽水能耗、设备投资和运行费用等都相应减小。

(3) 涵养水源与调蓄洪水。王河地下水库修建后,由于地表拦蓄工程及促渗工程的实施,夏季雨洪水停留在河道内的时间变长,向地下水转化的效率也提高,因此显著地增加了地表水的入渗量,提高了地下水的储蓄量。根据有关资料,王河地下水库每年可拦截储蓄地表洪水约 $3\,273 \times 10^4\ m^3$。

(4) 恢复湿地。作为王河地下水库配套工程的西由拦河闸可于汛期向单山洼台田沟引水,恢复了 333.33 hm^2 湿地面积,改善了当地的生态环境,为动植物提供了良好的栖息之所。

(5) 粮食增产。王河地下水库修建后,库区及周围农田灌溉用水得到保障,逐渐淋洗掉土壤中因海水入侵累积的盐分,土壤养分含量及肥力也逐步得到恢复,使得减产的农田逐渐恢复高产,年增产粮食约 1×10^4 t。

(6) 增加供水量。地下水库建成后,改善了库区的地下水质,地下水中 Cl^- 含量平均减少 50.6%。地下水质的改善以及地下水位的抬升增加了供水能力,使得人畜吃水困难得以解决,也保证了企业和矿山的生产生活用水。王河地下水库库区供水能力达到了 $1\,952.75 \times 10^4\ m^3/a$,供水效益明显。

4.4 八里沙河地下水库

4.4.1 库区的水文地质概况

1. 地理位置

八里沙河地下水库位于山东省龙口市大陈家镇上奋村以北,其地理位置为120°19′E、37°31′N。该库南部靠山,东西与丘陵相连,整座水库位于南高北低的狭长冲洪积扇上。地下水库的兴利库容和满蓄库容分别为 $35.5 \times 10^4\ m^3$ 和 $39.8 \times 10^4\ m^3$。

2. 地下水的赋存

库区的地下水类型主要是松散岩类孔隙水,含水层由 alQ_4 砾质粗砂,mQ_4 粗、中、细砂,$pl-alQ_4$ 砾质粗砂,$pl-alQ_2$ 中粗砂组成。按其埋藏条件为潜水,局部为潜水-承压水。

3. 地下水的补给

研究区地下水主要为大气降水补给,其次为河水渗漏补给及山丘区地下水侧向补给,地下水流向与地表水流向大致相同,总趋势自东南向西北。

4. 地下水的排泄

地下水的排泄途径主要是以大口井、管井、方塘等形式进行人工开采,用于工农业生产及人畜饮水。

5. 地下水动态特征

根据对库区地下水位长期观测孔的观测资料进行地下水动态分析可知:在时间上,由于受大气降水季节、年际分配极为不均的影响,库区地下水动态变化严格受季节的控制,年内枯水季节地下水位下降,丰水季地下水位上升;年际连续枯水年地下水位大幅度持续下降，丰水年或连续丰水年，地下水位回升幅度较大。在空间上，由于受含水层厚度、透水性及补给条件的影响，库区东西部含水层赋水能力差别较大。

4.4.2 水利工程设施

1. 地下截渗坝工程

地下坝长 756 m，坝体最大高度为 24.2 m，平均高度为 8.5 m。高度因地形条件的差异而变化较大，但其上部均在地面以下 0.5 m，下部均嵌入不透水完整基岩。地下坝以水泥为胶结材料，采用目前国内最先进的高压喷射灌浆技术修建。经渗漏检测及开挖检查，八里沙河地下坝第四系松散层部分加权平均渗透系数为 5.9×10^{-6} cm/s、风化花岗岩部分为 1.9×10^{-3} cm/s，两项抗渗指标均满足了试验合同的规定要求。

2. 取水工程

库区内有 62 个观测点，13 眼地下水开采井，坝前 10 m 有 909 m^3 的方塘 1 个，并配有机电提水设备。

4.4.3 八里沙河地下水库的管理与运行

1. 地下水库的管理

（1）管理机构。作为实验性地下水库，八里沙河地下水库自建成之日起就处于无人管理的自然运行状态。

（2）管理制度。

① 禁止在库区周围建设高污染、高消耗的企业，引入低污染、低消耗、高产出的高科技企业，以减少对库区的污染负荷。

② 合理分配地下水资源的使用量，在库区范围内进行整体规划与管理，组织地下水资源的使用，使其达到最合理的利用状态，同时兼顾地下水资源的有效保护，做到合理开发与有效保护同时进行。

③ 加强对研究区地下水污染源的监测与治理。大力发展生态农业，大力推广科学配方施肥，提高肥料的利用率；逐步实现农村污水分散处理，垃圾集中堆放和处理，减少降雨冲刷而造成的污染物的流失与下渗。

2. 水位和水质监测设施

（1）水位。为了定期掌握库区的地下水位变化，烟台市水文局在八里沙河地下水库范围内设置了 1 眼自动监测井，对地下水位进行每天一次的自动观测，用于指导和控制库区内的地下水资源开采利用状况。

（2）水质。为了监测地下水水质，龙口市水资源办公室在八里沙河地下水库区建立了水质监测井，监测频率为每年一次，集中取样进行化验分析。监测指标同大沽河地下水库的监测指标相同。

3. 地下水库的运行情况

（1）拦蓄地下潜流。八里沙河地下挡水坝建成后，对地下潜流的拦蓄率达 99.1%，表明八里沙河地下挡水坝能够有效拦蓄地下潜流，增加地下水的可开采量。

（2）提高灌溉用水保证率。灌区地下水的控制埋深关系到灌溉保证程度。埋深值小，保证率就低；反之，保证率就高。地下水水位控制埋深取 5.69 m 时，灌溉用水保证率可达 72.0%。充分利用地下库容调节丰、枯水期的水资源，可最大限度地利用地下水资源，增加水资源利用率，提高供水保证率。

（3）提高地下水位。在透水岩层中修建防渗墙后，原地层的透水性能就会大大减弱，即防渗墙能有效地拦蓄调节地下水，使库区地下水位抬升。

4.5 大沽夹河地下水库

4.5.1 库区水文地质概况

1. 地理位置

大沽夹河地下水库工程2000年11月开工建设，2001年8月截渗坝工程全面竣工，是烟台市城市供水战略储备水源地。库区位于芝罘区、福山区、莱山区三区所辖范围内，库区范围北起坝轴线，南至内夹河门楼水库坝下及外夹河旺远河段，库区面积 63.26 km^2，总库容（地下水位高程 0.5 m 以下）为 2.05×10^8 m^3，设计调节库容（地下水位高程 0.5 m 至 −10 m）$6\,500 \times 10^4$ m^3。

2. 地下水的赋存

水源地地层主要为第四系冲洪积层，地层呈二元结构：上部岩性主要为粉细砂、亚砂土、亚黏土等；下部岩性主要为砂、砂砾石、卵砾石等。地下水类型为河谷平原孔隙水，主要赋存在前震旦系变质岩和第四系松散沉积层孔隙中，富水性相对较好。

3. 地下水的补给

研究区地下水主要接受大气降水补给和基岩地下水的侧向补给。按含水层的性质可分为三个水文地质单元，即滨海平原区、河谷平原区和山丘区，分别为地下水的排泄区、径流区和补给区。

4. 地下水的排泄

地下水的主要开采区域是大沽夹河及支流两岸和近海平原区，开采对象为山间及下游滨海平原的松散岩类孔隙水，主含水层 K 值为 80～120 m/d，单井出水量一般为 3 000～5 000 m^3/d。

5. 地下水动态特征

库区地下水的动态变化主要受降水及人工开采的影响，特别是受降水量的影响。经分析年际间地下水位的变化与年际间降水量的丰枯变化呈明显的对应关系，地下水位的变化受降水入渗的影响略滞后于降水入渗的变化。库区内地下水动态随降水量和开采量的季节性变化而呈周期性变化。一般来讲，年初地下水位相对比较稳定；3～5 月份变幅较大，呈明显下降趋势，6 月份出现年内最低水位；汛期降水多且集中，入渗补给量明显增大，汛末达到年内最高水位；汛期过后，地下水位缓慢下降并逐渐趋于平稳。

4.5.2　水利工程设施

1. 地下截渗坝

夹河地下水库截渗坝工程，坝轴线地处夹河冲积平原下游，距夹河入海口 6.2 km，地势较为平坦。西起朱甲山，经永福园至宫家岛，勘探全线长 4 620 m，被永福园基岩隆起分为东西两坝段。东坝段工程：西起永福园东至宫家岛，桩号为 3+486.1-4+444.3，长 958 m，其中桩号 3+486.1-3+754.4、4+277.6-4+444.3 为单排摆喷防渗墙，桩号 3+754.4-4+277.6 为双排摆喷防渗墙。坝顶高程 0.5 m，坝底高程 −1～29.53 m，平均坝高 15 m，最大坝高 29.3 m。建围井 6 个，建水位观测井 8 个。西坝段工程：西起朱甲山东至永福园，桩号为 0+629.2-2+182.2，长 1 553 m，其中桩号 0+629.2-1+520 为双排半圆喷防渗墙，桩号 1+520-2+182.2 为单排摆喷防渗墙。坝顶高程 −3.5 m，坝底高程 −4.1～34.5 m，最大坝高 31 m。建围井 5 个，建水位观测井 8 个。

2. 水体置换及回灌补源工程

水体置换及回灌补源工程，即将门楼水库下放的水通过河床回灌补源渗井下渗地下，补充通过抽水置换井置换出的氯离子含量超标的地下水，进而达到抽咸补淡，有效改善地下水库水质条件，确保城市供水安全的目的。该工程新建回灌补源渗井 260 眼、抽水置换井 25 眼，改造旧井 5 眼，新建观测井 15 眼，铺设输水管路 9.04 km。

4.5.3　大沽夹河地下水库的管理与运行

1. 地下水库的管理

（1）管理机构。大沽夹河地下水库由烟台市水利局下设的水库管理局负责运行管理。

（2）管理制度。

① 水源地地下水超采区监测点少，代表性不强，监测项目单一，不能满足研究工作的需要，有待进一步优化地下水监测井的布局，加大监测站网建设力度和取用水监督管理机制，以保证采补平衡，不引起环境地质灾害。

② 积极贯彻落实科学发展观和新时期治水方针，紧扣水资源管理“三条红线”，实现海水入侵防治和地下水的可持续利用。

③ 以合理调控地下水开采量和地下水水位为重点，按照“提前防治、科学调度、有效补给、严格管理”的思路，统筹区域经济社会发展和取用水规模，注重地下水开发与经济发展、环境保护之间的协调，实现地下水采补平衡，恢复和改善地下水环境。

2. 水位和水质监测设施

（1）水位。烟台市水文局在大沽夹河地下水库区总共设有 8 眼自动监测井，对库区地下水位进行实时监测，监测数据接入烟台市水利局的地下水信息管理系统。

（2）水质。为了更好地监测大沽夹河地下水库的地下水水质，烟台市水资源管理部门在库区范围内设置了地下水水质监测站，对库区内主要孔隙水含水层（中、上更新统和全新统）水质进行了多年连续监测。监测指标同大沽河地下水库的监测指标相同。

3. 地下水库的运行情况

(1) 地下水位回升。建库当年(2001年)水位较前一年上涨4.75 m,2002年虽然降水量仅为496.8 mm(福山区多年平均降水量684.7 mm),但水位依旧继续上涨,较2001年上升8 m,2004、2005两年降水量均小于1994、1995、1996年,但当年地下水位均高出这三年的水位1～2 m。

(2) 阻止海水入侵。地下水库及下游拦河闸的建设也阻止了干旱年份海水倒灌,保护内陆地下水环境。2010年地下水库水体置换及回灌补源工程完成后,置换井Cl^-含量平均降低113.4 mg/L,置换区氯离子含量现状平均值为138.9 mg/L,达到饮用水标准。

4.6 两城河地下水库

4.6.1 库区的水文地质概况

1. 地理位置

两城河地下水库位于日照市山海天旅游度假区两城街道,地下水库的最小库容为$1\,245\times10^4\ m^3$,最大库容量为$2\,305\times10^4\ m^3$,丰水年调节储量$1\,060\times10^4\ m^3$,平水年调节储量$733\times10^4\ m^3$,枯水年调节储量为$450\times10^4\ m^3$,特枯水年调节储量为$383\times10^4\ m^3$。

2. 地下水赋存

研究区地下水按赋存介质类型可分为第四系松散岩类孔隙潜水与基岩裂隙水。

第四系松散岩类孔隙水主要赋存于第四系冲积、冲洪积砂砾石层中,厚度一般为8～12 m,透水性强,多为潜水,局部具承压性。地下水水量丰富,埋藏浅,循环条件好,直接接受大气降水、地表河水及地下水径流侧向补给,并与地表河流水力联系密切,以大气蒸发、地下水径流及人工开采、植物蒸腾为主要排泄途径。

基岩裂隙水主要赋存于河谷边缘二长花岗岩风化裂隙中,透水性和富水性差,大气降水、第四系松散岩类孔隙水为主要补给来源,以地下水径流为主要排泄途径,其水量不大,受季节影响较大,富水性较差,水质较好(图4.8)。

3. 地下水的补给

研究区地下水主要补给来源包括大气降水、地表径流至库区内的地表河水以及两城河上游区潜流的侧向补给,地下水动力条件较好,补给源充足。

4. 地下水的排泄

地下水库库区内地下水动力场受诸多因素影响,地下水流场总体现状为水流由西北方向流向库区内下游东南方向,受人为开采地下水影响,库区内局部现已形成地下水降落漏斗,排泄方式主要以两城河下游侧向径流排泄和人工开采为主,其次为天然蒸发。

5. 地下水动态特征

研究区内地下水水位、水量变化与全年降雨量的季节性分配密切相关。根据一年多

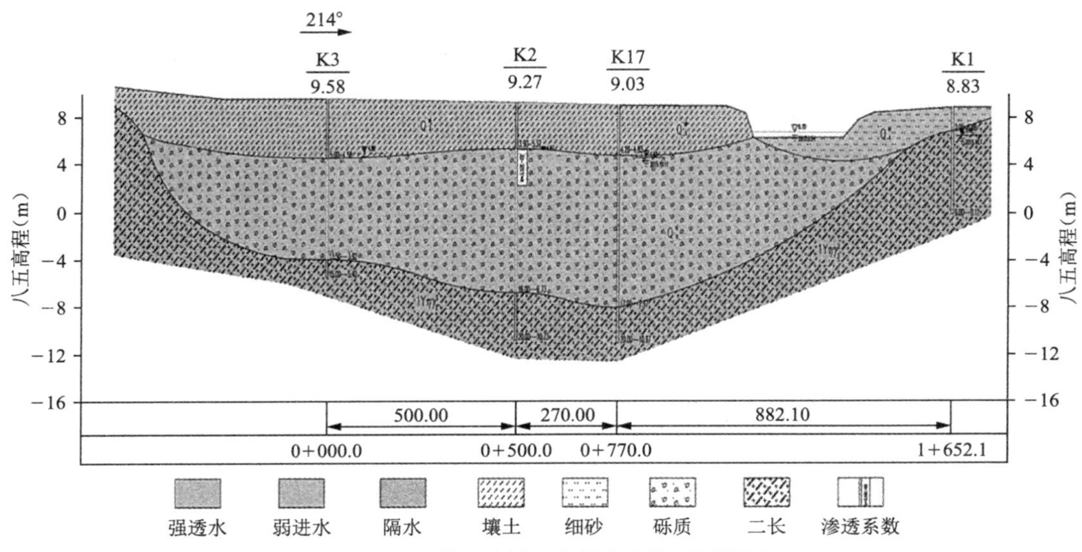

图 4.8　两城河流域含水层水文地质剖面图

的动态观测资料，地下水水位全年各有一次明显的升高和降低。升高期是多年的雨季，即7、8、9 月份，其间地下水位上升。地下水回升较快，显示了大气降水与地下水的紧密关系。11 月份以后，水位开始缓慢下降。直到次年 3 月份，为平水期，水位极缓，基本保持在一个水平上或微有倾斜。而 5、6 月份，降雨量减少，蒸发量反而最大，并因农田灌溉提取大量地下水，水位处于全年的最低阶段，比平水期水位下降。旱季与雨季的衔接阶段，是地下水位变幅最剧烈的时间，水位由低突然升到最高。说明大气降水对地下水的影响极为显著。

4. 6. 2　水利工程设施

1. 地下防渗墙

地下拦蓄坝(地下防渗墙)轴线走向为泉子沟村南－东河南村西北侧－沿现有橡胶坝－安家岭村南侧－安家岭村西侧，由南至北全断面截渗砾质粗砂层，防渗墙入基岩 0. 5 m，防渗墙总长 4. 088 km(新建 3. 718 km)。地下防渗墙采用成墙 0. 75 m 厚的铣削式深搅连续防渗墙。地下拦蓄坝可遏制海水入侵，保障地下水库蓄水。

2. 橡胶坝

为了将地表水引入地下水库，有效补给地下水库，在潮白河(河道桩号为 6+230)处新建橡胶坝 1 座。新建的张王庄橡胶坝布置在主河槽内，单孔净宽 60. 0 m，共 2 孔，橡胶坝底板顶高程 3. 0 m，坝顶高程 6. 0 m，坝高 3 m，正常蓄水位 5. 80 m，橡胶坝总库容 $38.95\times10^4\ m^3$。

4. 6. 3　两城河地下水库的工程管理

1. 工程管理体制

根据《水利工程管理单位定岗标准(试点)》(水办〔2004〕307 号文)和《水库工程管

理设计规范》(SL 106—96),同时根据山东省已建类似工程人员编制情况,结合本工程实际特点,按照精简高效、权责明晰、管理科学的原则,工程实施管理中充分运用现代化信息管理手段、人员力求精简的原则,设立日照山海天旅游度假区两城河地下水库工程管理所,隶属于日照市山海天水务发展有限公司。经计算,日照山海天旅游度假区两城河地下水库岗位定员总和为15人,工程管理机构编制定员15人。

2. 工程管理设施与设备

管理设施包括设备维修、通信系统、水资源管理信息自动化系统、管理人员及生活设施等。

(1) 通信系统。为了保证工程安全、经济运行,水库、泵站等配备相对独立的通信系统,并建立与主管部门、上级指挥部门、各管理区之间信息传输的通信网络。通信部分主要解决整个供水系统各部门之间的数据及行政办公电话需求。

(2) 管理用房。

① 生产业务用房包括办公室、值班室、调度室等,日照山海天旅游度假区两城河地下水库工程管理人员15人,按人均建房15 m^2 计算,需建房225 m^2。

② 职工生活及文化福利房屋参照《平原水库工程设计规范》(DB 37/1342—2009),职工生活及文化福利房屋包括职工食堂、职工宿舍、文化活动室及福利设施等,按人均建房15 m^2 计算,共需建职工生活及文化福利房屋225 m^2。

③ 生产用房参照《平原水库工程设计规范》(DB 37/1342—2009),本水库配置仓库、油库、车库等生产用房75 m^2。

④ 管理区总占地两城河水库管理处建于橡胶坝以东靠近堤防处;按照规范生产、生活管理面积按不少于3倍的房屋建筑面积计算,经综合分析,管理处总占地面积2.5亩。

(3) 办公自动化。购置办公用品,如微机、观测仪器计量水设备等,实现办公自动化。微机共计10台;传真电话2部,打印机3台,数码相机、摄像机各1台;量水设备可结合取水建筑物建设计列。

(4) 交通设施。为方便管理,管理单位根据管理机构的级别和管理任务的大小,配备必需的交通工具。按有关标准,拟购置工具车1辆。

(5) 观测设施。根据规范规定,设置必要的观测设备,主要包括水位、沉降、位移、表面观测、水库周围地下水动态观测等。

为了保证工程观测工作的正常进行,并获得正确可靠的观测资料,管理机构需配备必要的观测仪器及设备,其中S3水准仪1台,全站仪1台,定位仪1台。

第5章

大沽河地下水库运行效果评价指标研究

目前，针对地下水水源地相关评价的研究较多，主要分为水质评价、脆弱性评价、安全评价、调蓄能力评价、管理评价以及经济社会评价。但针对地下水库运行效果的评价，目前还缺乏相应指标体系和评价方法。地下水库的运行效果评价涉及供水效果、水环境保护、经济社会等方面，建立地下水库运行效果评价指标体系和方法具有重要的科学意义和应用价值。

5.1 评价指标体系的构建

5.1.1 构建的原则

地下水库运行的效果评价不仅影响地下水资源开发利用，还影响当地地下水资源保护。因此，地下水库运行效果的指标筛选应遵循以下原则。

1. 科学性

指标体系首先要建立在科学事实的基础上，必须真实客观反映事物发展状态，并按照已有的科学的法律法规、规范标准作为指导，做到有理可循、有据可查，指标的物理意义必须明确，测算方法标准，统计方法规范。

2. 整体性

指标必须真实地、全面地反映水源地的整体运行状况，构成一个有机整体，保证评价结果的完整性。

3. 灵敏性

在空间上，评价指标要做到在不同的评价区域（不同的地下水水源地）具有较强的分辨能力；在时间上，评价指标在评价区域随时间发生改变时，指标数据也要及时与之相对应，达到预警和诊断的目的。

4. 层次性

水源地的运行效果是一个包含水量、水质、脆弱性以及经济社会等的综合系统，为了完整地描述系统的整体特征，必须将系统分解成不同的管理层次。层次高的指标其综合程度会较高，而层次低的指标其具体性会更强。

5. 定性与定量相结合

在评价水源地运行情况时，部分指标只能定性给出，而不能具体数字量化，但定性评价往往被认为过于主观。因此，为提高定性评价的准确性，常常根据专家建议给出相关指标。

6. 全面性和选择性相结合

为了提高评价指标体系的适用性，最好选取能够适合任意水源地的指标选项。但受各地水源地自身地质及水文地质等条件的限制，很多指标项是不可能适合所有水源地的，所以在选择过程中要把握好临界点。

7. 可操作性

在选取评价指标时，要从实际出发，选取的指标要尽量遵循可度量性、可比性、易得性和常用性等原则，不要选择一些难以操作或计算量大的指标。否则，无疑会增加水源地评价的困难。

8. 独立性

在每个层次上选取的评价指标应该相互独立，不产生互相重叠和相互影响的作用，避免指标的不独立和不清晰，从而造成各个指标之间的指标值存在误差，影响评价结果可靠性。

5.1.2 基于频度统计法的评价体系框架构建

1. 频度统计法

在地下水库相关评价的方法中，一般是采用专家评判法选择评价因子，即通过经验判断筛选出评价指标。在复杂地下水库运行效果评价过程中，仅通过几位专家的判断来确定指标是不全面的。因为不同专家的专业领域、实践经验、个人喜好等因素的不同，他们给出的评价指标值有很大差别。因此，在前人研究的基础上，利用频度统计法对水量、水质、脆弱性、污染源、社会经济等方面进行指标频度统计，筛选出使用率较高的指标作为地下水库运行效果评价指标。具体操作如下。

（1）从中文数据库（包括中文科技期刊全文数据库（维普）、中国学术期刊全文、中国优秀硕士学位论文全文、中国博士学位论文全文、中国重要会议论文全文、万方科技信息子系统、中国海洋大学硕博论文库、百度学术等）和外文数据库（包括 Elsevier 期刊全文数据库、Springer Link、Wiley 电子期刊、EBSCO（ASP）、Taylor & Francis ST 期刊数据库、EI、Science Citation Index Expanded 等），以主题“地下水 + 水量评价”“地下水 + 质量评价”“地下水 + 污染源评价”“地下水 + 脆弱性评价”“地下水 + 经济社会评价”进行文献搜索。

（2）从中选择出现频率大于 50%（指已有文献中的出现频率）的指标作为本研究的评价指标。

2. 指标体系的框架

根据指标的内涵和筛选原则，对指标进行归类，将整个指标体系划分为目标层、准则层、要素层和指标层。准则层包括供水效果、环境保护效果、经济社会效益；要素层则包括水量、水质、污染源、脆弱性、投资和收益；指标层包括29个因子。这样，构建起一套新的地下水库运行效果评价指标体系。具体指标体系如表5.1所示。

另外，在地下水库经济效益评价方面，多是定性分析地下水库修建完成后所带来的经济社会影响，而从量化角度考虑经济社会影响的研究较少[20]。本书将地下水库建成后带来的社会、经济影响量化，选取建设投资费、运营投资费、征地节约效益、蒸发节约效益、涵养水源与调蓄洪水效益、防治海水入侵效益、提高地下水位效益、粮食增产效益、供水效益等经济社会效益指标补充进入评价体系，使其更加完善、合理。

表5.1 地下水库运行效果评价指标体系

目标层	准则层	要素层	指标层
地下水库运行效果	供水效果	水量	地下水开采率
			地下水可开采模数
		水质	总硬度
			氯化物
			溶解性总固体
			硫酸盐
			锰
			高锰酸盐指数
			氟化物
			硝酸盐
			氨氮
			亚硝酸盐
	环境保护效果	污染源	农药施用负荷
			化肥施用负荷
			废水处理率
		脆弱性	地下水埋深
			含水层岩性
			水力传导系数
			包气带岩性
			含水层的净补给量
	经济社会效益	投资	建设投资费
			运营投资费
		收益	征地节约效益
			蒸发节约效益

续表

目标层	准则层	要素层	指标层
地下水库运行效果	经济社会效益	收　益	涵养水源与调蓄洪水效益
			防治海水入侵效益
			提高地下水位效益
			粮食增产效益
			供水效益

5.1.3 指标体系特点

1. 评价体系结构清晰

本书建立指标体系包括目标层、准则层、要素层、指标层。具有层次清楚、结构简单、指标使用频率高、便于理解、易于确定等特点，适用于地下水库运行效果评价。

2. 多种经济效益评价方法耦合

根据地下水库运行效果评价的实际需要，提出和完善了经济社会效益评价指标，运用市场价值法、影子工程法、替代成本法、成果参照法等，计算地下水库的征地节约效益、蒸发节约效益、涵养水源与调蓄洪水效益、防治海水入侵效益、提高地下水位效益、粮食增产效益和供水效益。

3. 评价因子使用频率的主导性

该评价指标体系借鉴了水量、水质、脆弱性、污染源、社会经济评价指标体系，提出了适合地下水库运行效果的特有指标，依据指标使用频率进行评价因子的筛选，以保证评价体系的权威性、完整性。

5.2 地下水库评价指标值的确定

依据构建的地下水库评价指标体系，选择科学的方法，结合地下水库的特征，计算出不同评价因子的指标值。

5.2.1 水量要素的确定

1. 地下水开采率

地下水开采率主要是用来表征地下水水量的保证程度，其计算公式如下：

$$Q_K = Q_T / Q_N \times 100\% \tag{5.1}$$

式中，Q_K 为地下水开采率，%；Q_T 为地下水实际开采量，$\times 10^4\ m^3/d$；Q_N 为地下水可开采量，$\times 10^4\ m^3/d$。

地下水可开采量（Q_N）是在开采时期内，在不引起环境地质问题和开采条件恶化的前提下，单位时间内从含水层中取得的水量，它是地下水取水工程设计的主要依据。

$$Q_N = Q_1 - Q_2 \tag{5.2}$$

式中，Q_1为地下水补给量，$\times 10^4\ m^3/d$；Q_2为地下水蒸发量，$\times 10^4\ m^3/d$。地下水补给量Q_1包括降水入渗补给量、地下径流补给量、河流渗流补给量、灌溉回归补给量，其计算公式为：

$$Q_1 = Q_{21} + Q_{22} + Q_{23} + Q_{24} \tag{5.3}$$

式中，Q_{21}为降水入渗补给量，$\times 10^4\ m^3/d$；Q_{22}为地下径流补给量，$\times 10^4\ m^3/d$；Q_{23}为河流渗流补给量，$\times 10^4\ m^3/d$；Q_{24}为灌溉渗流补给量，$\times 10^4\ m^3/d$。

根据地下水资源计算[22]，大沽河地下水各种补给量和蒸发量见表5.2。由式(5.2)、(5.3)，可以计算出地下水可开采量(Q_N)为$22.11\times 10^4\ m^3/d$。

表5.2　地下水均衡要素组成统计（单位：$\times 10^4\ m^3/d$）

降水入渗	地下径流	河流渗流	灌溉渗流	蒸发量
17.58	0.49	5.33	0.82	2.11

根据地下水开发利用现状调查，大沽河地下水源地生活用水量为$10.03\times 10^4\ m^3/d$，工业用水量为$5.06\times 10^4\ m^3/d$，农业灌溉量为$5.45\times 10^4\ m^3/d$，则大沽河地下水源地实际开采量(Q_T)为$20.54\times 10^4\ m^3/d$。因此，大沽河地下水库的开采率为93%。

2. 地下水可开采模数

地下水可开采模数反映了地下水抵抗外界胁迫的能力。地下水可开采模数越大，表明研究区的地下水资源量越丰富；反之，则水源地地下水资源贫乏。计算公式如下：

$$Q_M = Q_N/F \tag{5.4}$$

式中，Q_M为地下水可开采模数，$m^3/(km^2\cdot a)$；Q_N为地下水可开采量，$\times 10^4\ m^3/a$；F为水源地分布面积，km^2。

大沽河地下水库各采区的开采模数见表5.3。由表可知，整个大沽河地下水源地的平均可开采模数为$18.97\times 10^4\ m^3/(km^2\cdot a)$。

表5.3　大沽河地下水源地各采区开采模数统计

采区名称	面积(km^2)	允许开采量($\times 10^4\ m^3/a$)	地下水可开采模数($\times 10^4\ m^3/(km^2\cdot a)$)
移风店	73.47	2 441.85	33.24
仁　兆	28.34	1 244.65	43.92
朴　木	66.32	854.10	12.89
冷戈庄	71.42	1 503.80	21.06
李哥庄	98.10	3 653.65	37.24
南沙梁	47.60	1 193.55	25.07
均　值	64.21	1 218.49	18.97

5.2.2　水质要素的确定

水质指标包括总硬度、氯化物、溶解性总固体、硫酸盐、锰、高锰酸盐指数、氟化物、硝酸盐、氨氮、亚硝酸盐等10个指标，各指标实测值的确定遵照《地下水质量标准》(GB/T 14848—2017)中规定的方法。

本书选用大沽河地下水库内13口代表性监测井，监测点位于大沽河两岸(图5.1)。2014年丰水期(9月)水质监测指标值如表5.4所示[23]。

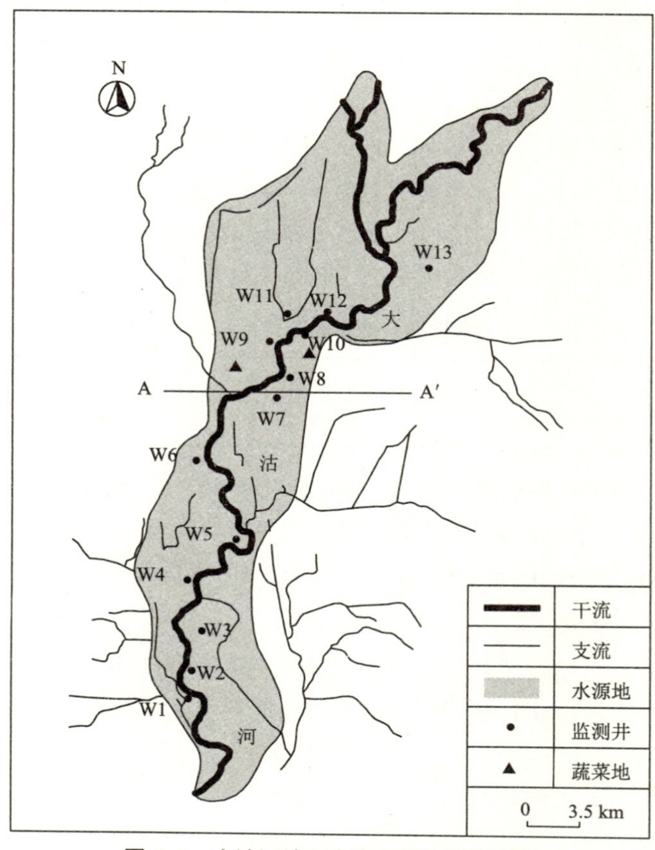

图 5.1 大沽河地下水库水质监测点分布

表 5.4 大沽河水源地各监测井水质指标统计

监测井号	总硬度	氯化物	溶解性总固体	硫酸盐	锰	高锰酸盐指数	氟化物	硝酸盐（以N计）	氨氮（NH_4）	亚硝酸盐（以N计）
W1	430	197	952	210	<0.01	1.9	0.15	1.45	0.11	0.011
W2	270	185	1 210	436	1.23	1.9	0.18	0.87	<0.02	0.003
W3	370	219	1 320	392	<0.01	1.6	0.46	16.70	<0.02	0.001
W4	360	124	700	145	<0.01	2.2	1.16	16.80	0.07	0.006
W5	720	149	1 120	208	<0.01	0.8	0.47	85.10	<0.02	0.018
W6	650	197	1 050	172	<0.01	1.5	0.82	30.70	<0.02	<0.001
W7	430	104	854	231	<0.01	2.5	0.32	48.70	<0.02	0.008
W8	720	135	1 220	246	<0.01	1.3	0.29	77.20	<0.02	0.012
W9	750	166	1 250	180	<0.01	0.8	0.62	106.00	<0.02	0.006
W10	486	116	931	152	<0.01	1.1	0.20	43.60	<0.02	0.011
W11	550	110	1 300	218	<0.01	0.9	1.58	64.00	0.08	0.050
W12	620	146	1 100	249	<0.01	1.6	0.36	28.60	<0.02	0.092
W13	460	183	1 270	204	<0.01	1.2	0.20	26.40	<0.02	<0.001

注：① 各指标单位均为 mg/L；② 汞、砷、镉、铬（六价）、铅、挥发性酚类、铁、锌、铜、氰化物等监测值均低于最低检出限，故表中未予列出。

5.2.3　污染源要素的确定

本书选用废水处理率、化肥施用负荷和农药施用负荷评价因子来反映水源地周边的生态环境状况的好坏，用其分别反映该区域点源和面源污染对水源地的生态环境压力大小。

1. 化肥施用负荷

化肥施用负荷，即化肥施用负荷与耕地面积比值，单位为 t/hm^2。它反映农业面源污染对地下水造成的环境风险。

2. 农药施用负荷

农药施用负荷，即农药总使用量与耕地面积比值，单位为 t/hm^2。该值越大，意味着有更多的农药残留在土地和作物上，而这些农药残余会随降水渗入地下，造成地下水污染。

大沽河地下水库库区粮食种植面积占 65%～90%，主要种植小麦和玉米；蔬菜种植面积占 10%～20%。在 2010～2014 年间，胶州市、平度市、莱西市和即墨区的主要农作物种植面积见表 5.5、表 5.6、表 5.7、表 5.8。

表 5.5　胶州市主要农作物种植面积统计（单位：hm^2）

年份(年)	小　麦	玉　米	花　生	蔬　菜
2010	42 346	23 402	8 801	27 722
2011	37 164	29 152	8 015	26 140
2012	40 407	30 964	8 028	24 705
2013	40 385	32 295	8 354	21 243
2014	41 150	32 834	7 956	21 734

表 5.6　即墨市主要农作物种植面积统计（单位：hm^2）

年份(年)	小　麦	玉　米	花　生	蔬　菜
2010	47 520	39 208	21 012	13 571
2011	41 185	36 469	22 356	11 339
2012	44 569	39 764	20 447	10 274
2013	44 486	42 011	20 445	10 254
2014	40 012	44 030	20 149	11 115

表 5.7　平度市主要农作物种植面积统计（单位：hm^2）

年份(年)	小　麦	玉　米	花　生	蔬　菜
2010	94 457	91 802	33 193	45 942
2011	89 474	90 300	34 153	52 711
2012	97 382	95 572	32 995	446 90
2013	101 560	99 701	33 480	42 841
2014	104 412	104 749	30 649	42 792

表 5.8 莱西市主要农作物种植面积统计（单位：hm^2）

年份(年)	小 麦	玉 米	花 生	蔬 菜
2010	44 489	38 399	20 443	21 450
2011	41 895	38 586	20 844	21 497
2012	48 438	41 914	17 946	22 466
2013	48 709	44 051	18 173	18 680
2014	48 752	46 084	18 102	18 599

这样，可以得到整个大沽河水源地农作物种植面积（见表 5. 9）。

表 5.9 大沽河水源地农业种植面积统计

地 区	农作物(hm^2)	蔬菜(hm^2)	总计(hm^2)
胶 州	81 940	21 734	103 674
即 墨	104 191	11 115	115 306
平 度	239 810	42 792	282 602
莱 西	112 938	18 102	131 040
总计(hm^2)	538 879	93 473	632 622

据统计，大沽河水源地农作物的单位面积农药和化肥施用负荷分别为 4. 5 kg/hm^2、500 kg/hm^2；蔬菜的单位面积农药和化肥施用负荷分别为 13. 5 kg/hm^2、600 kg/hm^2。则大沽河地下水库分布区的农药施用负荷和化肥施用负荷分别为：

$$4.5\ kg/hm^2 \times 538\,879 + 13.5\ kg/hm^2 \times 93\,743/632\,622 = 5.84\ kg/hm^2$$

$$500\ kg/hm^2 \times 538\,879 + 600\ kg/hm^2 \times 973\,743/632\,622 = 0.511\ t/hm^2$$

3. *废水处理率*

废水处理率指经过处理的生活污水、工业废水量占污水排放总量的比重。其计算公式为：

$$n = W_1/W_2 \times 100\% \tag{5.5}$$

式中，n 为废水处理率，%；W_1 为废水处理量，t/a；W_2 为废水排放量，t/a。

通过调查得知，大沽河地下水库库区城镇生活污水、工业废水和其他类型的污水已全部经污水处理设施进行处理，只有农村生活污染源没有进行适当的处理与加工。因此，在得到农村生活污染源排放率后，即可计算出大沽河地下水库区域的废水处理率值。

本书对研究区的排污量进行了调查，可知污染物的种类主要分为 CODcr 型和 NH4-N 型两类。其中，大沽河地下水库区域 CODcr 型污染物的总排放量为 2.19×10^4 t/a，农村居民生活源占 4%；NH4-N 型污染物总排放量为 1.77×10^3 t/a，农村居民生活源占 6% [24]。

通过计算可得，农村生活污染源污染物的排放率为：

$$2.19 \times 10^4\ t/a \times 4\% + 1.77 \times 10^3\ t/a \times 6\% / 2.19 \times 10^4\ t/a + 1.77 \times 10^3\ t/a = 4.15\%$$

因此，研究区的废水处理率为 95. 85%。

5.2.4 含水层脆弱性评价指标的确定

1. 脆弱性评价模型

目前主要采用DRASTIC模型来评价含水层脆弱性，其值越高，脆弱性越高，抗污染能力越差，其计算公式如下：

$$DI_1 = D_w D_r + R_w R_r + A_w A_r + I_w I_r + C_w C_r \tag{5.6}$$

式中，DI_r为脆弱性综合指数；D_r、R_r、A_r、I_r、C_r分别代表地下水埋深、净补给量、含水层岩性、包气带的影响和水力传导系数的评分值；D_w、R_w、A_w、I_w、C_w分别代表相应各项的权重。

2. 脆弱性评价的评分标准

根据国内外DRASTIC指标标准的经验数据[25]，将脆弱性典型指标划分5个等级（表5.10）。

表5.10 地下水脆弱性典型指标评分标准

评分	地下水埋深(m)	净补给量(mm)	含水层介质	包气带介质	水力传导系数(m/d)
5	≤4.6	≥235	灰岩、玄武岩	岩溶灰岩、玄武岩	>81.5
4	≤9.1	≥178	砂砾石、层状砂岩	砂砾、变质岩、火成岩	>40.7
3	≤15.2	≥117	块状砂岩、裂隙非常发育的变质岩	层状灰岩、砂岩	>28.5
2	≤26.7	≥71	风化变质岩、裂隙中等发育的变质岩	灰岩、页岩	>12.2
1	>26.7	<71	裂隙轻微发育的变质岩、块状页岩	粉砂、黏土、承压层	≤12.2

3. 脆弱性评价指标权重的确定

对于DRASTIC方法，根据每个指标对地下水脆弱性的影响程度，通常主观给定一个相对的权重，取值范围在1～5之间。权值越高，对脆弱性的影响越大。美国环保署规定了地下水固有脆弱性评价中5项指标的初始权重，如表5.11所示。为使各项二级指标分为5个等级，将5个指标权作归一化处理，这样使最终计算的综合指数(DI)处在1～5之间，便于将脆弱性这一指标划分为Ⅰ～Ⅴ级，达到统一计算的目的。

表5.11 DRASTIC评价方法权重体系

指标	D	R	A	I	C
初始权重	5	4	3	5	3
归一化权重	0.25	0.2	0.15	0.25	0.15

4. 大沽河地下水库脆弱性评价指标的确定

根据DRASTIC方法，选取对含水层易污染性影响最大的5个因素（地下水埋深、净补给量、含水层岩性、包气带的影响和水力传导系数）作为评价指标。

(1) 地下水埋深。大沽河上游地下水埋深一般为 4～6 m,下游埋深一般为 6～8 m,而蓝村和贾疃一带埋深在 8 m 以上,本区地下水埋深见图 5.2。

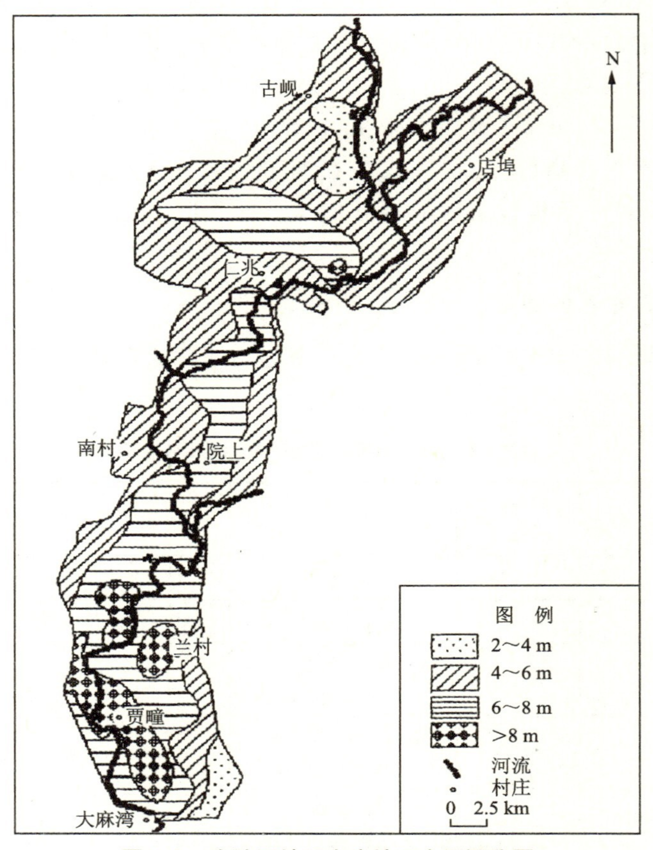

图 5.2 大沽河地下水库地下水埋深分区

(2) 净补给量。大沽河地下水库地下水位上升幅度分区见图 4.3,它反映了地下水补给强度。可以看出,大部分地区地下水位上升幅度小于 2 m,约占总面积的 90%;上升幅度为 2～3 m 占总面积的 8%左右;大于 3 m 约占总面积的 2%,主要集中在下游的大回－周家村一带。

(3) 含水层介质。从大沽河地下水库含水层岩性分区图(图 5.4)可以看出,大沽河流域地下水库含水层岩性粒度分布特征为河流相沉积。沿河道纵向从北到南,粒度具有由粗向细变化的趋势;在垂直河道方向上,含水层岩性变化是主河道及其附近较粗、往两侧逐渐变细,大致呈对称型分布。

(4) 包气带介质。大沽河地下水库非饱和介质分区见图 5.5。由图可以看出,本区非饱和带的岩性以黏质砂土为主,占 80%以上;其次为砂质黏土,主要分布在下游的李戈庄、南张院一带;局部的天窗区沿主河道呈点滴状分布。

(5) 渗透系数。根据所选地下水监测井试验资料,地下水渗透系数在 100～180 m/d 之间。

这样,大沽河地下水库选用了 13 口地下水观测井,它们代表 13 个缓冲区,其相应的脆弱性评价指标见表 5.12。

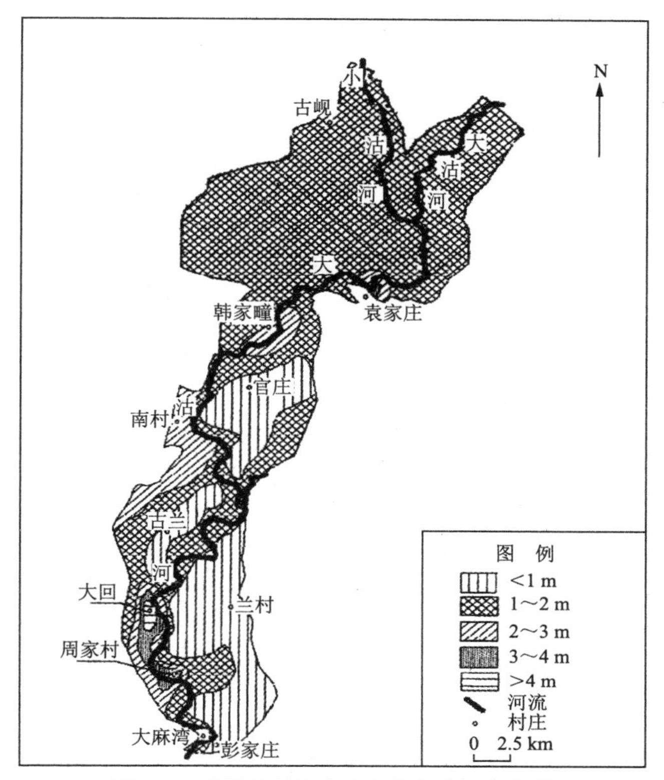

图5.3 大沽河地下水库水位上升幅度分区

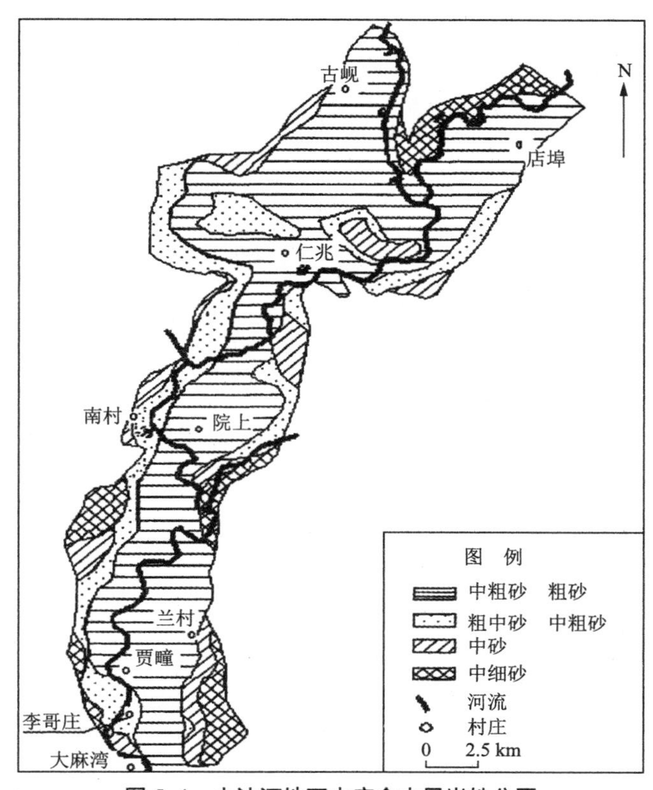

图5.4 大沽河地下水库含水层岩性分区

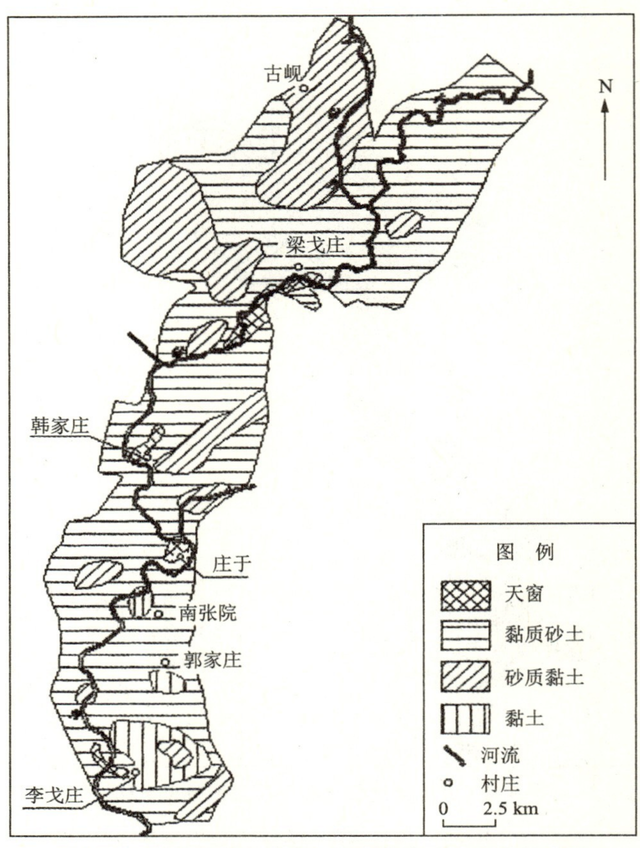

图 5.5 大沽河地下水库非饱和带含水介质岩性分区

表 5.12 不同缓冲区脆弱性评价指标一览表

观测孔	地下水埋深(m)	净补给量(mm)	含水层岩性	包气带岩性	渗透系数(m/d)
W1	8.59	143.0	粗中砂、中粗砂	黏质砂土	125
W2	8.81	115.6	中粗砂、粗砂	砂质黏土	180
W3	6.84	140.8	中粗砂、粗砂	黏质砂土	180
W4	8.98	147.4	中粗砂、粗砂	黏质砂土	180
W5	6.98	192.0	中粗砂、粗砂	砂　土	125
W6	5.38	145.2	粗中砂、中粗砂	黏质砂土	180
W7	7.38	147.4	中粗砂、粗砂	黏质砂土	180
W8	7.01	147.4	中　砂	黏质砂土	100
W9	6.51	140.8	中粗砂、粗砂	黏质砂土	180
W10	7.30	192.0	粗中砂、中粗砂	砂　土	180
W11	5.60	143.0	中粗砂、粗砂	黏质砂土	180
W12	5.20	140.8	中粗砂、粗砂	黏质砂土	180
W13	4.73	147.4	中粗砂、粗砂	黏质砂土	180

根据表 5. 10，对各缓冲区地下水埋深、净补给量、含水层岩性、包气带岩性和渗透系数实测值进行评分，得到 13 个缓冲区各指标的具体分值，详见表 5. 13。将脆弱性各项指标的评分值及其权重值（表 5. 11）代入式 5. 6，得到各缓冲区脆弱性综合指数（表 5. 13），并以其平均值 3. 30 作为整个大沽河地下水库的脆弱性综合指数。

表 5.13　大沽河流域地下水库脆弱性评价指数一览表

观测孔	地下水埋深（m）	净补给量（mm）	含水层岩性	包气带岩性	水力传导系数（m/d）	脆弱性综合指数
W1	4. 00	3. 00	3. 00	1. 00	5. 00	3. 05
W2	4. 00	3. 00	4. 00	1. 00	5. 00	3. 20
W3	4. 00	3. 00	4. 00	1. 00	5. 00	3. 20
W4	4. 00	3. 00	4. 00	1. 00	5. 00	3. 20
W5	4. 00	3. 00	4. 00	4. 00	5. 00	3. 95
W6	4. 00	4. 00	3. 00	1. 00	5. 00	3. 25
W7	4. 00	3. 00	4. 00	1. 00	5. 00	3. 20
W8	4. 00	3. 00	3. 00	1. 00	5. 00	3. 05
W9	4. 00	3. 00	4. 00	1. 00	5. 00	3. 20
W10	4. 00	4. 00	3. 00	4. 00	5. 00	4. 00
W11	4. 00	3. 00	4. 00	1. 00	5. 00	3. 20
W12	4. 00	3. 00	4. 00	1. 00	5. 00	3. 20
W13	4. 00	3. 00	4. 00	1. 00	5. 00	3. 20
均　值						3. 30

5. 2. 5　效益－投资要素的确定

依据水利部《水利建设项目经济评价的规范》（SL 72—2013）的要求，对地下水库修建、运行过程中的投资、效益进行估算，并采用成本－效益分析法进行国民经济评价。

1. 成本—效益分析法

所谓成本—效益分析就是将投资中可能发生的成本与效益归纳起来，利用数量分析方法来计算成本和效益的比值，从而判断该投资项目的绩效。

最常用的成本—效益分析方法主要有 3 种，分别是净现值法（NPV 法）、内部收益率法（IRR 法）、效益成本比率法（BCR 法）。效益成本比率法就是效益现值与成本现值的比值。这种方法具备更强的操作性，应用也比较广泛。因此，本书选择效益成本比率法计算地下水库的经济社会效益，其公式为：

$$BCR = \frac{B}{C} = \sum_{t=0}^{n} \frac{B_t}{(1+r)^t} \Big/ \sum_{t=0}^{n} \frac{C_t}{(1+r)^t} \tag{5.7}$$

式中，C_t 为 t 年的成本货币值，万元；B_t 为 t 年的效益货币值，万元；n 为项目的寿命，年；r

是社会贴现率，%。如果一个项目的效益成本比率大于1，则说明这个项目具备可行性；反之，则该项目就是不可行的。效益成本比率是一个相对指标，它表示的是将最初投入的成本贴现后，单位成本所产生的效益。遵照水利部《水利建设项目经济评价的规范》（SL 72—2013）的规定，在进行国民经济评价时，应采用当前国家规定的8%的社会折现率。

2. **大沽河地下水库工程的经济效益**

（1）成本核算。地下水库成本包括工程投资和运营投资。工程项目投资一般是指某项工程从筹建开始到全部竣工投产为止所发生的全部资金投入。大沽河地下水库的工程投资主要包括截渗墙的修建、地下取水井及监测井的修建等。运营投资是指工程竣工并投入运营后，运营管理该工程所需要的花费。大沽河地下水库的运营投资分别是：管理人员费用、自动监测系统投资以及水质监测费用。

① 截渗墙工程投资。地下水库截渗墙工程位于胶州市李哥庄镇，建于1998年。西起大沽河麻湾拦河闸，向东经大沽河左岸滩地，在穿过李哥庄公路后，向东又穿过204国道至大沽河左堤，然后再向东至魏家屯村东南距204国道以南约600 m处为止，全长4 350 m，总投资1 094万元。

② 取水井与监测井投资。根据水利普查资料[26]，大沽河地下水源地有规模以上取水井11 132眼、规模以下取水井29 314眼、人力井68 155眼。大沽河地下取水井数量详情见表5. 14。

表5.14 大沽河取水井统计

名　称	规模以上取水井	规模以下取水井	人力井
井数/眼	11 132	29 314	68 155

根据调查和统计，建造规模以上取水井需要5万元/眼，规模以下的取水井需要3万元/眼，人力井需要0. 5万元/眼。因此，地下取水井的实际投资约为177 679. 5万元。假设地下水库的运行期为30年，每年的成井费用为5 922. 65万元。

根据调查统计可知，大沽河地下水源地共有287眼监测井，每眼监测井大约投资1. 2万元，所以监测井的总投资为344. 4万元。按30年运行期计算，每年的投资费用为11. 5万元。

③ 管理人员费用。据统计，莱西、即墨、平度、胶州市管理人员分别有3人、9人、10人、17人，按每个职工每月平均工资7 500元计算，每年地下水库运营中管理人员的费用为351万元。

④ 自动监测系统及水质监测费。据调查，大沽河自动监测系统投资147万元，大沽河地下水库每年水质监测费为50万元。折算到每年的花费为4. 7万元。

综上所述，大沽河地下水库的总投资详见表5. 15。投资是以2014年为基准年，而截渗墙的工程投资是1998年。根据1998～2014年的PPI值，计算出基准年2014年截渗墙的工程投资额为1 499. 83万元，按30年运行期计算，每年的投资费用为49. 99万元。

表 5.15　大沽河地下水库工程及其运行投资统计

项　目	项目名称	投资(万元/年)
工程投资	截渗墙投资	49.99
	地下取水井投资	5 922.65
	监测井投资	11.50
运营投资	管理人员薪资	351.00
	自动检测系统费用	4.70
	水质监测费用	50.00
合　计		6 389.85

(2) 效益核算。大沽河地下水库是典型的滨海平原地下水库,具有防治海水入侵和供水的双重功效。为正确认识大沽河地下水库所带来的相关经济及生态效益,合理评估其效益价值就显得尤为必要。地下水库建成后所带来的经济社会效益包括征地节约、蒸发节约、水源涵养和调蓄洪水、防治海水入侵、提升地下水位、供水以及粮食增产效益。本书采用市场价值法[27,28]、影子工程法[28]和替代成本法[29],计算了大沽河地下水库的经济社会效益。

① 征地节约效益。地表水库需占用大量地表面积,而地下水库利用天然地下储水空间拦蓄和储存水资源,节约土地资源。地下水库征地节约效益估算采用替代成本法,以相同规模地表水库的征地成本作为地下水库的征地节约效益,其公式如下:

$$R_1 = SP_1 \tag{5.8}$$

式中,R_1 为征地节约效益,万元;S 为节约耕地面积,hm^2;P_1 为耕地单位面积价值,元/hm^2。

根据国内其他地区水库征地(旱地)补偿标准[31],考虑到东部沿海地区经济较为发达,青岛市地表水库建设征地成本 P_1 值取为 45 万元/hm^2。

节约耕地面积为折算成地表水库的水面面积,其公式如下:

$$S = Q_C/h \tag{5.9}$$

式中,Q_C 为大沽河地下水库地下水储存量,$\times 10^4\ m^3$;h 为假定平原水库的水深,m。

大沽河地下水库的地下水储量为 $21\ 484.44 \times 10^4\ m^3$。根据《山东省平原水库设计规范》可知,山东省平原水库的水库一般深度为 5～15 m,中大型平原水库水深不宜小于 7 m,这里取水库的平均水深为 11 m。那么,大沽河地下水库折算成地表水库的面积为 $1\ 953 \times 10^4\ hm^2$。

根据式(5.8)得,大沽河地下水库征地节约成本为 87 885.00 万元。按水库 30 年运行期计算,每年大沽河地下水库的征地节约效益为 2 929.50 万元。

② 蒸发节约效益。与地表水库相比,地下水库的蒸发较为微弱,具有节约水资源的功能。按地表水库年水面蒸发量的价值来估算,大沽河地下水库节约水面蒸发的价值可以表示为[32]:

$$R_2 = SkE_dP_2 \tag{5.10}$$

式中，R_2为蒸发节约效益，万元；k为当地的水面蒸发量与蒸发皿测得蒸发量之比，即水面蒸发折算系数；S为折算地表水库面积，hm^2；P_2为基准年(2014)全国水库单位蓄水成本，元/m^3；E_d为蒸发皿测得蒸发量，mm/a。

据统计，青岛地区蒸发折算系数k取0.8[33]，大沽河地下水源地器测蒸发量E_d为953.09 mm/a，折算成地表水库面积为1 953 × 10^4 hm^2，2014年全国水库单位蓄水价格[34]为0.74元/m^3。那么，大沽河地下水库每年水面蒸发节约价值为1 097.37万元。

③ 水源涵养和调蓄洪水效益。大沽河流域属于大陆性半湿润季风气候区，降水季节不均，年际变差大。年内降雨多集中在夏季，致使汛期地表水源得不到蓄滞，更无法补充地下水。地下水库修建后，大沽河地下水源地每年的供水量增加1 400 × 10^4 m^3[35]，其价值可通过影子工程法来计算，计算公式如下[32]：

$$R_3 = V_1P_2 \tag{5.11}$$

式中，R_3为地下水库涵养水源和调蓄洪水的价值，万元；V_1为涵养水源和调蓄洪水的体积，× 10^4 m^3/a；P_2为基准年(2014)全国水库单位蓄水成本，元/m^3。

这样，大沽河地下水库每年涵养水源、调蓄洪水的效益为1 031.80万元。

④ 防止海水入侵的效益。大沽河地下水库建成后，截渗墙上游地下水水质明显优于下游水质，氯离子含量明显下降，渗墙上游海水入侵得到了有效控制。本书采用恢复费用法[32]评估防止海水入侵的价值，其计算公式为：

$$R_4 = V_2P_4 \tag{5.12}$$

式中，R_4为防治海水入侵的效益，万元；P_4为单位海水处理成本，元/m^3；V_2为从地下水库抽取的咸水量，× 10^4 m^3。

根据统计资料，本区的海水入侵发生在李哥庄采区，该区每年的开采量为340.99 × 10^4 m^3[37]，按海水处理成本为4元/m^3计算[38]，大沽河地下水库每年防治海水入侵的效益为1 363.96万元。

⑤ 提高地下水位效益。据统计，大沽河地下水库的修建使得库区地下水位比建库前平均抬高了2.05 m[39]。由于地下水位的回升，可以降低抽水能耗、设备投资和运行费用等。提高地下水位的价值可以用下式计算[36]：

$$R_5 = HV_3P_5 \tag{5.13}$$

式中，R_5为地下水位提高效益价值，万元；H为地下水库修建后地下水位的平均上升值，取2.05 m；V_3为大沽河地下水库修建后每年的开采量，取7 497.1 × 10^4 m^3；P_5是单位水位上升时单位取水量的节约费用，取0.1元/m^3。

那么，大沽河地下水库修建后，提高地下水位的效益每年为1 536.91万元。

⑥ 供水效益。大沽河地下水库为青岛市工业、农业和人民生活用水的重要的水源地。本书采用市场价值法估算供水效益价值，公式为：

$$R_6 = V_4P_6 \tag{5.14}$$

式中，R_6为供水效益价值，万元；V_4为大沽河地下水库修建后每年的供水量，取7 497.1 × 10^4 m^3/a；P_6为地下水取水单价，取0.65元/m^3[40]。因此，大沽河地下水库修建后每年供水效益价值为4 873.115万元。

⑦ 粮食增产效益。大沽河海水入侵主要在胶州市李哥庄采区，入侵面积为 55.2 km^2，本书采用市场价值法估算粮食增产效益，计算公式为：

$$R_7 = V_5 P_7 \tag{5.15}$$

式中，R_7 为粮食增产效益，万元；V_5 为王河地下水库修建后每年的粮食增产量，t/a；P_7 为粮食单价，元/t。

据青岛统计年鉴，2014 年大沽河地下水库区粮食总产量为 150.97×10^4 t，耕地面积有 347.42 万亩，每年粮食增产 0.41×10^4 t。据调查，青岛市粮食单价为 2 647.23 元/t。那么，水库修建后每年的粮食增产效益为 1 085.36 万元。

综上所述，大沽河地下水库修建后产生总的经济效益见表 5.16。

表 5.16　大沽河地下水库总效益统计

效益名称	价值量(万元/a)
供水效益	4 873.12
征地节约效益	2 929.50
蒸发节约效益	1 097.37
水源涵养与调蓄洪水效益	1 031.80
防止海水入侵效益	1 363.96
提高地下水位效益	1 536.91
粮食增产效益	1 085.36
	13 918.02

注：本书所有效益价值均按 2014 年为基准年计算。

(3) 效益成本比。综上可知，大沽河地下水库基准年(2014)总投资为 6 389.85 万元，总效益为 13 918.02 万元，由公式(5.7)可知，若要求出水库修建后效益成本比率，还需计算出基准年之前各年的总投资和总效益，其计算公式为：

$$C_{t-1} = C_t / PPI_{t-1} \tag{5.16}$$

$$B_{t-1} = B_t / CPI_{t-1} \tag{5.17}$$

式中，C_{t-1} 为$(t-1)$年的投资，万元；C_t 为 t 年的投资，万元；B_{t-1} 为$(t-1)$年的效益，万元；B_t 为 t 年的效益，万元；t 为年份，其值取 1999～2014；PPI_{t-1} 为$(t-1)$年的 PPI 值，PPI 为工业品出厂价格指数，是一个用来衡量制造商出厂价的平均变化的指数，表示所购买原材料价格的变动；CPI_{t-1} 为$(t-1)$年的 CPI 值，CPI 是居民消费价格指数的简称，表示对普通家庭的支出来说，购买具有代表性的一组商品，在今天要比过去某一时间多花费多少。

以基准年前一年(2013)为例。根据国家统计局数据显示，2013 年生产者物价指数(PPI)和居民消费价格指数(CPI)分别为 98.10% 和 102%。根据公式 5.16～5.17，可得 2013 年的总投资和总收益分别为 6 513.59 万元、13 645.12 万元。

同理，可得到 1998～2012 各年的总投资和总效益(表 5.17)。

按折现率 8% 算，将表 5.17 中各年的总投资额和总效益额代入式(5.7)，可得到大沽河地下水库的经济效益比为2. 09。

表5.17　大沽河地下水库各年投资－收益成果

年　份	投资(万元)	各年PPI(%)	收益(万元)	各年CPI(%)
1998	5 024. 16	95. 55	10 445. 05	100. 30
1999	4 800. 58	97. 51	10 476. 39	98. 80
2000	4 681. 05	102. 86	10 350. 67	100. 80
2001	4 814. 92	101. 73	10 433. 48	100. 70
2002	4 898. 22	98. 72	10 506. 51	99. 00
2003	4 835. 53	102. 35	10 401. 45	100. 90
2004	4 949. 16	106. 26	10 495. 06	103. 30
2005	5 258. 98	104. 70	10 841. 40	101. 60
2006	5 506. 15	103. 59	11 014. 86	101. 50
2007	5 703. 82	103. 38	11 180. 08	104. 50
2008	5 896. 61	106. 09	11 683. 19	105. 60
2009	6 255. 71	95. 04	12 337. 44	99. 10
2010	5 945. 43	105. 72	12 226. 41	103. 20
2011	6 285. 51	105. 55	12 617. 65	105. 30
2012	6 634. 35	98. 18	13 286. 39	102. 70
2013	6 513. 61	98. 10	13 645. 12	102. 00
2014	6 389. 85		13 918. 02	

5.3 评价指标等级的划分

评价标准作为整个评价模型的准则规范，一直是地下水质量、脆弱性、安全性等评价的重点和难点问题。评价标准和等级设置的科学性直接关系到模型评价结果的准确性。本书中评价等级的划分综合考虑以下几个方面。首先，对于已有国内外相关标准的指标，尽量采用其规定值；然后，采用国家或区域级别的发展规划和环境保护计划目标；另外，采用国内外发达地区已有的指标现状值或趋势外推值；尽量遵循现有成熟的环境与社会、经济协调发展理论；借鉴专家相关研究成果与经验。

在上述5条依然无法判定指标时，要首先确定指标的理想安全值，然后以全国最低值或国际公认的最低值作为最低阈值，在理想安全值与最低阈值间划分3个分界点，从而将指标划分为5个等级。

5.3.1　水量要素的等级标准

目前，针对地下水开采率和地下水可开采模数的研究较多，并且有着成熟的评价标准[41]，所以本书采用其相应的等级标准（表 5.18）。

表 5.18　水量要素评价等级

等　级	Ⅰ	Ⅱ	Ⅲ	Ⅳ	Ⅴ
属　性	理想安全	安　全	临界安全	不安全	极不安全
地下水可开采模数（$m^3/(km^2 \cdot a)$）	≥30	≥20	≥15	≥10	<10
地下水开采率（%）	<85	≤100	≤115	≤130	>130

5.3.2　水质要素的等级标准

对总硬度、氯化物、溶解性总固体、硫酸盐、锰、高锰酸盐指数、氟化物、硝酸盐、氨氮、亚硝酸盐等 10 个水质指标，按照《地下水质量标准》（GB/T 14848—2017），将地下水质量划分 5 个等级，等级标准见表 5.19。

表 5.19　地下水质量分类等级

等　级	Ⅰ	Ⅱ	Ⅲ	Ⅳ	Ⅴ
属　性	理想安全	安　全	临界安全	不安全	极不安全
总硬度（mg/L）	≤150	≤300	≤450	≤650	>650
氯化物（mg/L）	≤50	≤150	≤250	≤350	>350
溶解性总固体（mg/L）	≤300	≤500	≤1 000	≤2 000	>2 000
硫酸盐（mg/L）	≤50	≤150	≤250	≤350	>350
氨氮（以 N_2 计）（mg/L）	≤0.02	≤0.10	≤0.50	≤1.50	>1.50
高锰酸盐指数（以 O_2 计）（mg/L）	≤1.0	≤2.0	≤3.0	≤10.0	>10.0
氟化物（mg/L）	≤1.0	≤1.0	≤1.0	≤2.0	>2.0
硝酸盐（以 N 计）（mg/L）	≤2.0	≤5.0	≤20.0	≤30.0	>30.0
亚硝酸盐（以 N 计）（mg/L）	≤0.01	≤0.10	≤1	≤4.80	>4.80
锰（mg/L）	≤0.05	≤0.05	≤0.10	≤1.50	>1.50

5.3.3　污染源要素的等级标准

污染源要素包括废水处理率、化肥施用负荷和农药施用负荷指标。

1. 化肥施用负荷等级

我国 2013 年的平均化肥施用负荷为 0.480 t/hm²，福建省施用负荷最大，达到了 0.909 t/hm²；西藏自治区施用负荷最小，仅为 0.138 t/hm²。因此，这里将化肥施用负荷划分为 5 个等级，如表 5.20 所示。

表 5.20 化肥施用负荷评价等级

等　级	Ⅰ	Ⅱ	Ⅲ	Ⅳ	Ⅴ
属　性	理想安全	安　全	临界安全	不安全	极不安全
化肥施用负荷(t/hm^2)	≤0.138	≤0.395	≤0.652	≤0.909	>0.909

2. *农药施用负荷等级*

我国农药施用负荷的平均值为0.015 t/hm^2,海南省农药施用负荷最大,达到0.054 t/hm^2;宁夏回族自治区负荷最小,其额度为0.002 t/hm^2。同样,采用该极值作为上、下限值,将农药施用负荷评价标准分为5级,如表5.21所示。

表 5.21 农药施用负荷评价等级

等　级	Ⅰ	Ⅱ	Ⅲ	Ⅳ	Ⅴ
属　性	理想安全	安全	临界安全	不安全	极不安全
农药施用负荷(t/hm^2)	≤0.002	≤0.02	≤0.037	≤0.054	>0.054

3. *废水处理率等级*

截止到2013年底,我国大中城市的污水处理率已经达到了80%以上,但在经济相对落后的城市或在县级地区污水处理率一般都不到70%,建制镇甚至无污水处理设施。针对这一情况,在《"十二五"全国城镇污水处理及再生利用设施规划》中提出了以下目标:到2015年,直辖市、省会城市和计划单列市实现污水全部收集和处理,地级市处理率为85%,县级市处理率为70%,县城污水处理率平均达到70%,建制镇污水处理率平均达到30%。

根据"规划"中污水处理目标,本书将污水处理率的评分标准分为5个等级,如表5.22所示。

表 5.22 废水处理率评价标准

等　级	Ⅰ	Ⅱ	Ⅲ	Ⅳ	Ⅴ
属　性	理想安全	安　全	临界安全	不安全	极不安全
废水处理率(%)	≥90	≥70	≥50	≥30	<30

5.3.4 含水层脆弱性的评价等级标准

根据国内外DRASTIC模型的经验数据[25],将脆弱性综合指数划分为5个等级(表5.23)。

表 5.23 地下水水源地脆弱性综合指数评价等级表

级　别	Ⅰ	Ⅱ	Ⅲ	Ⅳ	Ⅴ
含　义	极难污染	较难污染	稍难污染	较易污染	极易污染
评价分值	≤1	≤2	≤3	≤4	≤5

5.3.5　效益-投资要素的评价等级标准

根据效益成本比率法的研究成果，并咨询相关专家后，可给出经济效益评价的5个等级评价标准（表5.24）。

表5.24　地下水库经济效益评价标准

等　级	Ⅰ	Ⅱ	Ⅲ	Ⅳ	Ⅴ
项目可行程度	极　高	较　高	一　般	较　低	极　低
BCR 值	$\geqslant 2.0$	$\geqslant 1.5$	$\geqslant 1$	$\geqslant 0.5$	<0.5

第6章

大沽河地下水库运行效果的评价方法

本书基于模糊综合评判法建立地下水库运行效果评价模型[42]，从权重确定、算子选择以及综合评判结果的向量分析等角度，对评价模型进行优化，使该模型具有隶属度计算简便、隶属信息不丢失的优点。最后，以大沽河地下水库为例，运用模型对大沽河地下水库运行效果进行评价。

6.1 模糊综合评价法的原理

模糊综合评判是运用模糊数学工具对某事物做出的综合评判[43-45]。它的基本原理是：首先确定评判对象的因素（指标）集和评判集，再分别确定各个因素的权重及它们的隶属度向量。经过模糊变换，得到模糊评判矩阵。最后把模糊评判矩阵与因素的权重向量集进行模糊运算，并进行归一化，得到模糊综合评判结果集，从而构成一个完整的综合评判模型。

6.1.1 评价指标U的确定

设评价指标（因子）有 n 个，记作：

$$U = \{u_1, u_2, \cdots, u_n\} \tag{6.1}$$

式中，u_i 为第 i 个评价指标。

6.1.2 评价等级的划分

将评价对象划分成 m 个等级，记作：

$$V = \{v_1, v_2, \cdots, v_m\} \tag{6.2}$$

式中，v_j 为对 u_i 的评判等级层次，一般可分为五个等级：优、良、中、差、劣，并进一步确定每个指标在各分级的标准值。

6.1.3 评价因子权重矩阵 W 的确定

选取合适的权重确定方法，计算各指标的权重值，记作：

$$W = \{w_1, w_2, \cdots, w_n\} \tag{6.3}$$

式中，w_i 为指标 i 的权重值。

6.1.4 模糊关系矩阵的建立

利用隶属度函数求出各评价因素 u_i 对于各评价等级 v_j 的隶属度，得到单因素模糊关系矩阵 R。

$$R = \begin{bmatrix} r_{11} & r_{12} & \cdots & r_{1m} \\ r_{21} & r_{22} & \cdots & r_{2m} \\ \vdots & \vdots & \ddots & \vdots \\ r_{n1} & r_{n2} & \cdots & r_{nm} \end{bmatrix} \tag{6.4}$$

6.1.5 模糊综合评价结果向量的计算

通过权重矩阵 W 和模糊关系矩阵 R 作复合运算，得到模糊综合评价结果向量，即：

$$B = W \cdot \mathrm{R} = [b_1, b_2, \cdots, b_m] \tag{6.5}$$

式中，B 为评价结果向量；"•"为模糊算子。

6.1.6 评价对象等级的确定

确定最大隶属度后，可以得到相应的综合评价等级为 V_i。最大隶属度可以表示为

$$b_i = \max(b_1, b_2, \cdots, b_m) \tag{6.6}$$

6.2 评价模型的建立

根据以上六个步骤，逐步构建地下水库运行效果评价模型。第四章已完成步骤一、二内容，确定 17 个评价指标及其评价标准，并以大沽河地下水库为例，计算出各指标的实测值。下面将在第四章基础上，完成评价模型构建的后四个步骤。

6.2.1 评价因子权重矩阵 W 的确定

指标权重是评价指标在地下水库运行效果评价中的相对重要程度，是对评价结果的贡献大小。

目前，在水质评价中，由于指标实测值是客观存在的，常用的权重确定方法都是采用客观赋权法。而在地下水库的水量、污染源、脆弱性、经济效益等评价中，部分指标的实测值是模糊的、不精确的，常用的权重确定方法都是采用主观赋权法。本书利用聚类权法确定水质要素里各指标的权重，而采用改进的层次分析法确定其他指标层、要素层、准则层的权重。

1. 水质因子权重确定方法

利用聚类权法确定总硬度、氟化物、溶解性总固体、硫酸盐、锰、高锰酸盐指数、氯化

物、硝酸盐、氨氮、亚硝酸盐等指标的权重，其计算公式为：

$$a_{ij}=\frac{C_i/S_{ij}}{\sum_{i=1}^{n}(C_i/S_{ij})}(i=1,2,\cdots,10;j=1,2,\cdots,5) \tag{6.7}$$

式中，a_{ij}为评价指标i在等级j的权重；C_i为指标i的实测值；S_{ij}为指标i在等级j的标准值。

2. 其他因子权重计算原理和方法

(1) 改进层次分析法的基本原理。通过对原有判断矩阵标度和结构的改变，可以使其在计算权重时无须进行一致性检验，并且优化后的矩阵因其特殊的结构，推导出一种新的算法，直接求解各指标的权重，计算过程如下：

① 对原有1～9标度的改变。传统层次分析法采用数字1～9及其倒数作为标度来定义判断矩阵$A=(a_{ij})_{n\times n}$(表6.1)。

表6.1 判断矩阵标度定义

标　度	含　义
1	表示两个因素相比，具有相同重要性
3	表示两个因素相比，前者比后者稍重要
5	表示两个因素相比，前者比后者明显重要
7	表示两个因素相比，前者比后者强烈重要
9	表示两个因素相比，前者比后者极端重要
2,4,6,8	表示上述相邻判断的中间值
倒　数	若因素i与因素j的重要性之比为a_{ij}，那么因素j与因素i重要性之比为$a_{ji}=1/a_{ij}$

为克服传统方法计算复杂的缺陷，采用满足模糊矩阵标度代替原有的1～9标度，使原有矩阵转为模糊一致性矩阵，常见的3种构造模糊矩阵的标度及其具体含义如表6.2所示。

表6.2 3种改进模糊标度

0～1标度	0.1～0.9五标度	0.1～0.9九标度	含　义
	0.1	0.100	后者极端重要于前者
0.0		0.138	后者强烈重要于前者
	0.3	0.325	后者明显重要于前者
		0.439	后者稍微重要于前者
0.5	0.5	0.500	前者与后者同等重要
		0.561	前者稍微重要于后者
	0.7	0.675	前者明显重要于后者
1		0.862	前者强烈重要于后者
	0.9	0.900	前者极端重要于后者

从表6.2可以看出，上述3种标度的判断矩阵$A=(a_{ij})_{n\times n}$具有下述性质：

$$a_{ij} + a_{ji} = 1 \tag{6.8}$$

$$a_{ii} = 0.5 \tag{6.9}$$

② 相关定义。

定义1：设矩阵 $A = (a_{ij})_{n \times n}$，若有 $0 \leqslant a_{ij} \leqslant 1$，则称矩阵 A 是模糊矩阵。

定义2：设矩阵 $A = (a_{ij})_{n \times n}$，若有 $a_{ij} + a_{ji} = 1$，则称矩阵 A 是模糊互补矩阵。

定义3：设有模糊互补矩阵 $A = (a_{ij})_{n \times n}$，若有任意 k，有 $a_{ij} = a_{ik} - a_{jk} + 0.5$，则称矩阵 A 是模糊一致性矩阵。

定义4：设有模糊互补矩阵 $A_l = (a_{ij}^{(l)})_{n \times n}$，$(l = 1, 2, \cdots, s)$，令 $\overline{a_{ij}} = \sum_{l=1}^{s} \lambda_l a_{ij}^{(l)}$，$\lambda_l > 0$，$\sum_{l=1}^{s} \lambda_l = 1$，则称矩阵 $\overline{A} = (\overline{a_{ij}})_{n \times n}$ 为 $A_l(l = 1, 2, \cdots, s)$ 的合成矩阵，即为 $\overline{A} = \lambda_1 A_1 + \lambda_2 A_2 + \cdots + \lambda_s A_s$。

由以上定义可知，具有模糊一致性的矩阵合成后仍为模糊一致性矩阵[46]。因此，采用以上3种标度构造的判断矩阵均为模糊互补判断矩阵。

③ 矩阵一致性转换。

定理1：如果对模糊互补矩阵 A 按行求和，记为：

$$r_i = \sum_{k=1}^{n} a_{ik},\ i = 1, 2, \cdots, n \tag{6.10}$$

然后，对式5.10进行如下变换

$$r_{ij} = \frac{r_i - r_j}{a} + 0.5 \tag{6.11}$$

则矩阵 $R = (r_{ij})_{n \times n}$ 是模糊一致的。本书取 a 为 $2(n-1)$[46]。

④ 权重的求解公式。利用和法，可以求出矩阵 R 的权重，其公式如下[47]：

$$w_i = \frac{\sum_{j=1}^{n} a_{ij} + \frac{n}{2} - 1}{n(n-1)},\ i = 1, 2, \cdots, n \tag{6.12}$$

由式(6.12)可知，在计算判断矩阵的权重时，无需先对判断矩阵进行转换，也无需对其进行一致性检验，因为在构造矩阵之初就已经满足上述条件。因此，大大减少了繁琐的计算过程，同时减小了在计算过程中可能产生的人为误差。

(2) 权重的确定方法。采取专家调查咨询的方式获得初始权重，通过笔者做的评价表(0.1～0.9九标度)，让专家对各项指标进行对比评分。本次咨询活动共发出问卷30份，实收回21份，人员组成主要为相关专业的老师及教授。最后，得到判断矩阵。

依据式6.12可以得到各专家的判断权重，然后加和平均，并归一化处理，最终确定出各指标的权重。由于要素层和指标层指标过多，这里只介绍准则层的3个指标权重的具体计算过程。

① 构造各因素的区间判断矩阵，通过专家评分获得两两比较判断矩阵的原始数据，这是进行评价的关键步骤之一。下面给出了2位专家填写的评价的调查结果(表6.3、表6.4)。

表 6.3 专家 1 调查表

项 目	供水效果	环境保护效果	经济社会效益
供水效果	0.500	0.675	0.900
环境保护效果	0.325	0.500	0.675
经济社会效益	0.100	0.325	0.500

表 6.4 专家 2 调查表

项 目	供水效果	环境保护效果	经济社会效益
供水效果	0.500	0.561	0.862
环境保护效果	0.439	0.500	0.675
经济社会效益	0.138	0.325	0.500

② 利用公式 6.12，确定 21 位专家所给出的指标权重，并进行归一化处理。下面给出了 2 位专家指标权重计算结果（表 6.5、表 6.6）。

表 6.5 专家 1 指标权重计算成果表

项 目	供水效果	环境保护效果	经济社会效益
权 重	0.429	0.333	0.238

表 6.6 专家 2 指标权重计算成果表

项 目	供水效果	环境保护效果	经济社会效益
权 重	0.404	0.352	0.244

③ 采用加和平均的方法，对 21 位专家给出的指标权重进行计算，并进行归一化处理，得到指标最终权重。各准则层、指标层权重计算结果见表 6.7。

表 6.7 权重计算成果表

<table>
<tr><th>目标层</th><th>准则层</th><th>权 重</th><th>要素层</th><th>权 重</th><th>指标层</th><th>权 重</th></tr>
<tr><td rowspan="8">地下水库运行效果</td><td rowspan="3">供水效果</td><td rowspan="3">0.448</td><td rowspan="2">水 量</td><td rowspan="2">0.511</td><td>地下水开采率</td><td>0.514</td></tr>
<tr><td>地下水可开采模数</td><td>0.486</td></tr>
<tr><td>水 质</td><td>0.489</td><td>—</td><td>—</td></tr>
<tr><td rowspan="4">环境保护效果</td><td rowspan="4">0.354</td><td rowspan="3">污染源</td><td rowspan="3">0.553</td><td>农药施用负荷</td><td>0.303</td></tr>
<tr><td>废水处理率</td><td>0.451</td></tr>
<tr><td>化肥施用负荷</td><td>0.246</td></tr>
<tr><td>脆弱性</td><td>0.447</td><td>脆弱性分值</td><td>1.000</td></tr>
<tr><td>经济社会效益</td><td>0.198</td><td>收益/投资</td><td>1.000</td><td>效益成本比率</td><td>1.000</td></tr>
</table>

表 6.7 中给出的权重，代表着某因子在上一层因子中的重要性程度。通过乘法，可计算出各评价指标对目标层的权重。以地下水开采率为例，该指标对目标层的权重为：

$$w = 0.514 \times 0.511 \times 0.448 = 0.118$$

同理，可得到其他评价指标对目标层的权重，如表 6.8 所示。

表 6.8　各指标对目标层权重表

评价指标	地下水开采率	地下水可开采模数	农药施用负荷	废水处理率	化肥施用负荷	脆弱性分值	效益成本比率
权　重	0.118	0.111	0.059	0.088	0.048	0.158	0.198

6.2.2　模糊关系矩阵的建立

1. 建立方法

本书采用模糊分布曲线中的“梯形分布”作为各评价等级的隶属函数[47]。

① 对于实测值较大、评价等级越高的指标，可采用如下隶属度函数公式：

$$r_{i1}=\begin{cases}1 & x_i \leqslant s_{i1}\\(s_{i2}-x_i)/(s_{i2}-s_{i1}) & s_{i1}\leqslant x_i \leqslant s_{i2}\\0 & x_i \geqslant s_{i2}\end{cases} \tag{6.13}$$

$$r_{ik}=\begin{cases}0 & x_i \leqslant s_{i(k-1)}\\(x_i-s_{i(k-1)})/(s_{ik}-s_{i(k-1)}) & s_{i(k-1)}\leqslant x_i \leqslant s_{ik}\\(s_{i(k+1)}-x_i)/(s_{i(k+1)}-s_{ik}) & s_{ik}\leqslant x_i \leqslant s_{i(k+1)}\\0 & x_i \geqslant s_{i(k+1)}\end{cases} \tag{6.14}$$

$$r_{i5}=\begin{cases}0 & x_i \leqslant s_{i4}\\(x_i-s_{i4})/(s_{i5}-s_{i4}) & s_{i4}\leqslant x_i \leqslant s_{i5}\\1 & x_i \geqslant s_{i5}\end{cases} \tag{6.15}$$

式中，r 为隶属度计算值，r_{i1} 为评价指标 i 在第一等级的隶属度计算值，以此类推；x_i 为评价指标 i 的实际值，S 为评价指标的标准值；下标 i 为对应的评价指标；下标 k 为对应的标准级别，k 为 2，3，4。

在该评价指标体系中，地下水开采率、总硬度、氟化物、溶解性总固体、硫酸盐、锰、高锰酸盐指数、氯化物、硝酸盐、氨氮、亚硝酸盐、化肥施用负荷、农药施用负荷、脆弱性属于这类指标，可采用式 6.13～6.15 来计算评价指标对各等级的隶属度值。

② 对于实测值越小、评价等级越高的指标，可采用如下隶属度函数公式：

$$r_{i1}=\begin{cases}1 & x_i \geqslant s_{i1}\\(x_i-s_{i2})/(s_{i1}-s_{i2}) & s_{i2}\leqslant x_i \leqslant s_{i1}\\0 & x_i \leqslant s_{i2}\end{cases} \tag{6.16}$$

$$r_{ik}=\begin{cases}0 & x_i \geqslant s_{i(k-1)}\\(s_{i(k-1)}-x_i)/(s_{i(k-1)}-s_{ik}) & s_{ik}\leqslant x_i \leqslant s_{i(k-1)}\\(x_i-s_{i(k+1)})/(s_{ik}-s_{i(k+1)}) & s_{i(k+1)}\leqslant x_i \leqslant s_{ik}\\0 & x_i \leqslant s_{i(k+1)}\end{cases} \tag{6.17}$$

$$r_{i5}=\begin{cases}0 & x_i \geqslant s_{i4}\\(s_{i4}-x_i)/(s_{i4}-s_{i5}) & s_{i5}\leqslant x_i \leqslant s_{i4}\\1 & x_i \leqslant s_{i5}\end{cases} \tag{6.18}$$

式中各项的含义与式 6. 13～6. 15 相同。

评价指标体系中，地下水可开采模数、废水处理率、效益成本比率值属于这类指标，可采用式 6. 16～6. 18 计算评价指标对各等级的隶属度值。

利用隶属度计算公式 6. 13～6. 18，即可得到模糊关系矩阵 R。

2. 大沽河地下水库模糊关系矩阵的求解

（1）水量要素隶属度矩阵的计算。由上面已知大沽河地下水库地下水开采率为 93%，地下水可开采模数为 18. 97 × 10^4 m^3/（km^2·a）。将地下水库开采率值及其各等级标准值（表 6. 18）代入隶属度函数（式 6. 13～6. 15），可得到该指标对 5 个等级的隶属度矩阵（式 6. 19）。同理，可得到地下水可开采模数的隶属度矩阵（式 6. 19）。

$$\begin{bmatrix} 0.467 & 0.533 & 0.000 & 0.000 & 0.000 \\ 0.000 & 0.794 & 0.206 & 0.000 & 0.000 \end{bmatrix} \tag{6.19}$$

式中，第 1 行代表地下水可开采率对 5 个等级的隶属度值；第二行代表地下水可开采模数对 5 个等级的隶属度值。

（2）水质要素隶属度矩阵的计算。大沽河地下水库水质要素包含总硬度、氯化物、溶解性总固体、硫酸盐、锰、高锰酸盐指数、氟化物、硝酸盐、氨氮、亚硝酸盐等 10 个指标。大沽河沿岸设置了 13 个监测点（图 5. 1），各监测点水质信息如表 4. 4 所示。由于监测点和水质指标较多，本书以水质要素层的综合隶属度矩阵代表整个库区水质信息对五个等级的隶属关系，其求解步骤为：首先，计算每个监测点各个指标对 5 个等级的隶属度矩阵；其次，求出各水质指标的权重；再次，将每个监测点各个指标的隶属度矩阵与指标权重进行复合运算，得到各个监测点对 5 个等级的隶属度矩阵；最后，采用等权重与各个监测点的隶属度矩阵进行复合运算，得到整个库区的综合隶属度矩阵，具体求解过程如下。

① 每个监测点各个指标的隶属度矩阵计算以监测井 W1 为例，将各水质指标实测值（表 5. 4）及其 5 个等级标准值（表 5. 19）代入隶属度函数（6. 13～6. 15），得到该监测点每个指标对 5 个等级的隶属度矩阵（式 6. 20）。同理，可计算出其他 12 个监测点每个指标的隶属度矩阵，由于类型与式 6. 20 一样，故未在本书显示出。

$$\begin{bmatrix} 0.000 & 0.133 & 0.867 & 0.000 & 0.000 \\ 0.000 & 0.530 & 0.467 & 0.000 & 0.000 \\ 0.000 & 0.096 & 0.904 & 0.000 & 0.000 \\ 0.000 & 0.400 & 0.600 & 0.000 & 0.000 \\ 1.000 & 0.000 & 0.000 & 0.000 & 0.000 \\ 0.100 & 0.900 & 0.000 & 0.000 & 0.000 \\ 1.000 & 0.000 & 0.000 & 0.000 & 0.000 \\ 1.000 & 0.000 & 0.000 & 0.000 & 0.000 \\ 0.000 & 0.975 & 0.025 & 0.000 & 0.000 \\ 0.989 & 0.011 & 0.000 & 0.000 & 0.000 \end{bmatrix} \tag{6.20}$$

式中，第 1 行代表总硬度对 5 个等级的隶属度值；其余类推，分别是氯化物、溶解性总固体、硫化物、锰、高锰酸钾、氟化物、硝酸盐、氨氮、亚硝酸盐。

② 水质各指标权重的确定由水质指标权重公式 6. 7 知，权重是动态变化的。随着指

标实测值的变化，权重在各监测点、各等级处均不同。以监测井 W1 为例，将各水质指标实测值（表 6.4）及其 5 个等级标准值（表 6.19）代入水质指标权重公式 6.7，得到该监测点每个指标对 5 个等级的权重矩阵（式 6.21）。同理，可计算出其他 12 个监测点每个指标的权重矩阵，由于类型与式 6.21 一样，故也未在本书显示出。

$$\begin{bmatrix} 0.121 & 0.164 & 0.205 & 0.246 & 0.246 \\ 0.167 & 0.150 & 0.169 & 0.209 & 0.209 \\ 0.134 & 0.218 & 0.204 & 0.177 & 0.177 \\ 0.178 & 0.160 & 0.180 & 0.233 & 0.233 \\ 0.004 & 0.011 & 0.011 & 0.001 & 0.001 \\ 0.080 & 0.109 & 0.136 & 0.071 & 0.071 \\ 0.006 & 0.017 & 0.032 & 0.028 & 0.028 \\ 0.031 & 0.033 & 0.016 & 0.018 & 0.018 \\ 0.233 & 0.126 & 0.047 & 0.027 & 0.027 \\ 0.047 & 0.013 & 0.002 & 0.001 & 0.001 \end{bmatrix} \tag{6.21}$$

式中，第一行代表总硬度对 5 个等级的权重值；其余类推，分别是氯化物、溶解性总固体、硫化物、锰、高锰酸钾、氟化物、硝酸盐、氨氮、亚硝酸盐。

③ 各监测点隶属度矩阵的计算以监测井 W1 为例，运用式 6.22，对该监测点每个指标对 5 个等级的隶属度矩阵（式 6.20）和权重矩阵（式 6.21）进行复合运算，得到该监测点对 5 个等级的非归一化隶属度矩阵为（0.095，0.407，0.551，0.000，0.000）。对该矩阵进行归一化处理，即可得到监测点 W1 对 5 个等级的隶属度矩阵为（0.090，0.387，0.523，0.000，0.000）。同理，可得到其他 12 个监测点的隶属度矩阵（式 6.23）。

$$d_j = \sum_{i=1}^{n} w_{ij} r_{ij} (j = 1, 2, \cdots, 5) \tag{6.22}$$

式中，d_j 为监测点关于等级 j 的非归一化隶属度；w_{ij} 为第 i 个水质指标在第 j 级的权重；r_{ij} 为第 i 个指标在第 j 级标准的隶属度。

$$\begin{bmatrix} 0.090 & 0.387 & 0.523 & 0.000 & 0.000 \\ 0.050 & 0.085 & 0.245 & 0.240 & 0.379 \\ 0.061 & 0.187 & 0.403 & 0.056 & 0.293 \\ 0.104 & 0.452 & 0.416 & 0.029 & 0.000 \\ 0.060 & 0.064 & 0.165 & 0.012 & 0.698 \\ 0.072 & 0.147 & 0.241 & 0.007 & 0.523 \\ 0.068 & 0.122 & 0.397 & 0.000 & 0.414 \\ 0.060 & 0.043 & 0.213 & 0.024 & 0.660 \\ 0.038 & 0.063 & 0.127 & 0.025 & 0.747 \\ 0.106 & 0.127 & 0.305 & 0.039 & 0.422 \\ 0.092 & 0.072 & 0.286 & 0.184 & 0.366 \\ 0.061 & 0.152 & 0.363 & 0.425 & 0.000 \\ 0.066 & 0.130 & 0.569 & 0.235 & 0.000 \end{bmatrix} \tag{6.23}$$

式中，第一行代表监测点W1对5个等级的隶属度矩阵；其余类推，分别是监测点W2～W13。

④ 水质要素层的综合隶属度矩阵计算采用等权重法（各监测点在各等级处权重均为1/13），运用式6.22对13个监测点的隶属度矩阵（式6.23）进行复合运算，并进一步对结果采用归一化处理，得到整个库区的综合隶属度矩阵为（0.072，0.156，0.327，0.098，0.347）。即水质要素层的综合隶属度矩阵为：

$$\begin{bmatrix} 0.072 & 0.156 & 0.327 & 0.098 & 0.347 \end{bmatrix} \tag{6.24}$$

（3）污染源要素隶属度矩阵的计算。由上面已知大沽河地下水库区域的化肥施用量为0.511 t/hm^2，农药施用负荷为5.84 kg/hm^2，废水处理率为95.85%。将化肥施用量值及其各等级标准值（表5.20）代入隶属度函数（式6.13～6.15），可得到该指标对5个等级的隶属度矩阵（式5.25）。同理，可得到农药施用负荷和废水处理率的隶属度矩阵（式5.25）。

$$\begin{bmatrix} 0.000 & 0.549 & 0.451 & 0.000 & 0.000 \\ 0.213 & 0.787 & 0.000 & 0.000 & 0.000 \\ 1.000 & 0.000 & 0.000 & 0.000 & 0.000 \end{bmatrix} \tag{6.25}$$

式中，第1行代表化肥施用负荷对5个等级的隶属度值；第2行代表农药施用负荷对5个等级的隶属度值；第3行代表废水处理率对5个等级的隶属度值。

（4）脆弱性要素隶属度矩阵的计算。由上面可知，大沽河地下水库区域的脆弱性综合指数均值为3.30。将脆弱性综合指数值及其各等级标准值（表5.23）代入隶属度函数（式6.13～6.15），可得到该指标对5个等级的隶属度矩阵为：

$$\begin{bmatrix} 0.000 & 0.000 & 0.700 & 0.300 & 0.000 \end{bmatrix} \tag{6.26}$$

（5）效益投资比隶属度模糊关系矩阵计算。由上面可知，大沽河地下水库的效益投资比为2.09。将效益投资比值及其各等级标准值（表5.24）代入隶属度函数（式6.16～6.18），可得到该指标对5个等级的隶属度矩阵为：

$$\begin{bmatrix} 1.000 & 0.000 & 0.000 & 0.000 & 0.000 \end{bmatrix} \tag{6.27}$$

综上所述，大沽河地下水库各评价指标对等级的模糊关系矩阵R为：

$$R = \begin{bmatrix} 0.467 & 0.533 & 0.000 & 0.000 & 0.000 \\ 0.000 & 0.794 & 0.206 & 0.000 & 0.000 \\ 0.072 & 0.156 & 0.327 & 0.098 & 0.347 \\ 0.000 & 0.549 & 0.451 & 0.000 & 0.000 \\ 0.213 & 0.787 & 0.000 & 0.000 & 0.000 \\ 1.000 & 0.000 & 0.000 & 0.000 & 0.000 \\ 0.000 & 0.000 & 0.700 & 0.300 & 0.000 \\ 1.000 & 0.000 & 0.000 & 0.000 & 0.000 \end{bmatrix} \tag{6.28}$$

式中，第1行代表地下水开采率对5个等级的隶属度值；其余类推，分别是地下水可开采模数、水质、化肥施用负荷、农药施用负荷、废水处理率、脆弱性、效益投资比。

6.2.3　评价结果向量的计算

模糊综合评价的结果向量是由权重 W 和关系矩阵 R 经复合运算得到的。不同类型的算子可得到不同的结果。通常，可采用取小取大法、相乘取大法、相乘相加法、取小相加法计算结果向量，它们的复合运算结果都很稳定。其中前两种方法为主因素突出型，最后一种方法是“不均衡平均型”的评判，只有第三种方法是“加权平均型”的评价。根据权重的大小，相乘相加法兼顾全部因素的均衡，保留了单因素评价的所有信息，能够切实地反映出地下水库运行的综合状况。因此，本书采用第三种方法进行模糊向量的复合运算，其计算公式为：

$$b_j = \sum_{i=1}^{n} w_i r_{ij} (j = 1, 2, \cdots, 5) \tag{6.29}$$

式中，b_j 为评价对象关于级别 j 的非归一化综合隶属度；w_i 为第 i 个指标的权重；r_{ij} 为第 i 个指标在第 j 级标准的隶属度。

由上面可知，大沽河地下水库各评价指标对等级的模糊关系矩阵 R（式 6.28），以及相应的权重（表 6.8）。由于模糊关系矩阵（式 6.28）中，水质的隶属度矩阵为水质要素层对各等级的隶属关系，因此，在与其对应的权重矩阵 W 中，水质的权重值应为其要素层对目标层的权重。由表 5.7 可得，该权重值为：

$$w = 0.489 \times 0.448 = 0.219$$

结合表 6.8 以及水质要素层对目标层的权重，可得到与模糊关系矩阵 R（式 6.28）相对应的权重矩阵 W，该矩阵为：

$$W = [0.118 \quad 0.111 \quad 0.219 \quad 0.059 \quad 0.088 \quad 0.048 \quad 0.158 \quad 0.198] \tag{6.30}$$

式中，第一列代表地下水开采率对目标层的权重；其余类推，分别为地下水可开采模数、水质、农药施用负荷、废水处理率、化学施用负荷、脆弱性分值、效益成本比率。

运用式 6.29，对大沽河地下水库模糊关系矩阵 R（式 6.28）和权重矩阵 W（式 6.30）进行复合运算，得到评价结果向量 B 为：

$$B = W \cdot R = (0.336, 0.287, 0.232, 0.069, 0.076) \tag{6.31}$$

6.2.4　评价等级的确定

传统模糊综合评价法中，根据最大隶属度原则确定评价等级，容易造成隶属度信息丢失，并存在不适用的评价条件[49]。

为解决最大隶属度原则的不适用性问题，本书引入加权平均原则[50]进行分析。该方法利用了全部隶属度信息，其评价结果更符合实际情况。此外，依据最大隶属度原则评价出的等级，其表达方法使得我们无法对处于同一级别的多个样本进行比较，而通过加权平均原则得出的评判结果则能克服这一点，体现出更高的分辨率。

加权平均原则是将等级看作一种相对位置，使其连续化。为了能定量处理，不妨用“1，2，3，4，5”依次表示各等级，并称其为各等级的秩。然后用评价结果向量 B 中对应分量将各等级的秩加权求和，得到被评事物的相对位置。用公式表达为：

$$H=\frac{\sum_{j=1}^{5}(b_j\times j)}{\sum_{j=1}^{5}b_j} \tag{6.32}$$

式中，b_j 为评价对象对于第 j 等级的非归一化综合隶属度；H 为评价对象的等级。

利用表 6.9 的划分标准，最终确定地下水库运行效果评价等级。

表 6.9　地下水库运行效果评价等级

评价等级	Ⅰ	Ⅱ	Ⅲ	Ⅳ	Ⅴ
地下水库运行效果	理想安全	安　全	临界安全	不安全	极不安全
H 值	<1.5	1.5～2.5	2.5～3.5	3.5～4.5	>4.5

将其评价结果向量 B（式 6.31）代入式 6.32 中，得到评价等级值 $H=2.262$。由表 6.9 可得，大沽河地下水库运行效果评价等级为第Ⅱ类，运行效果安全。

6.2.5　评价结果分析

根据地下水资源量计算可得，大沽河地下水源地地下水可开采量为 22.11×10^4 m^3/d，地下水实际开采量为 20.54×10^4 m^3/d，地下水开采区的面积为 449.46 km^2。由此可得，地下水的开采率和可开采模数分别为 93% 和 18.97×10^4 m^3/(km^2·a)。由水量要素评价等级表 5.18 可知，地下水开采率和地下水可开采模数都属于安全范围，该区域的地下水水量供应得到保障。

由库区内 13 口监测井的隶属度矩阵（式 6.23）可知，大沽河地下水库水质偏向于第五等级的监测井有 8 口，占总监测井的 62%；偏向于第四等级的监测井有 1 口，占 7%；其余监测井水质均处于安全等级。在地下水水质偏向于第四和第五等级的监测井中，其水质较差的主要原因是地下水中硝酸盐严重超标。

大沽河地下水库区域的农药施用负荷为 5.84 kg/hm^2，处于安全范围。但区域的化肥施用负荷较高（0.511 t/hm^2），介于第二和第三等级之间，存有潜在安全风险。其原因是该区域是青岛市主要的蔬菜种植基地，化肥施用量较高。目前，库区的城镇生活污水、工业废水和其他类型的污水已全部达标排放，只有农村生活污水尚未进行适当的处理，经核算区域的废水处理率达到了 95.85%，属于理想安全的范围。

大沽河地下水库区域的地下水埋藏深度为 4～8 m，埋深较浅；含水层岩性以粗砂、中粗砂为主，上覆土层主要是砂和砂质亚黏土，含水层渗透性好，大部分区域渗透系数为 180 m/d。该区域的脆弱性综合指数为 3.30，介于第三和第四等级之间，来源于地表的污染物很容易下渗，该区域易被污染。

大沽河地下水库的投资主要包括工程投资和运营投资，工程投资主要包括截渗墙的修建、地下取水井及监测井的修建；运营投资主要包括管理人员费用、自动监测系统投资以及水质监测费用。大沽河地下水库的总投资为 6 389.85 万元/年，其中地下取水井投资最多，为 5 922.65 万元/年。地下水库建成后带来了巨大的经济社会效益，包括征地节约效益、蒸发节约效益、水源涵养和调蓄洪水效益、防治海水入侵效益、提升地下水位效益、供水效益以及粮食增产效益。总效益为 13 918. 02 万元/年，其中供水产生的效益最多，为 4 873. 12 万元/年。依据水利部《水利建设项目经济评价的规范》(SL 72—2013)，对库区进行国民经济评价，得到效益投资比为 2. 09，表明该工程属于高度可行的项目。

综上可知，大沽河地下水库存在隐患的因素是水质、化肥施用负荷以及脆弱性，而三者之间存在必然联系。其原因是该区域脆弱性综合指数较高，抗污染能力较差，来源于地表的污染物容易下渗。而该区域为青岛市的主要蔬菜生产基地，氮肥的过量使用和低效率利用，使大量未被作物吸收的氮肥进入地下，经生物地球化学作用，转化为硝酸盐，最终污染地下水。

第7章

结论与建议

7.1 结 论

1. 山东半岛具有适宜的地下水库建设条件

（1）地下水源地主要分布在河流中、下游山间河谷地带及滨海平原区，在平面上这些地段第四系地层多呈条带状分布，具有一定的面积和厚度，松散层一般具有二元或三元结构，主要含水层埋藏较浅，地下水赋存状态为潜水或微承压水。地下水具有易采易补的特点，便于开发利用，且区内地下水多数没有受到明显污染，环境状况良好，基本满足地下水库建设的水质要求。

（2）山东半岛先后已经建成了八里沙河地下水库、黄水河地下水库、大沽河地下水库、大沽夹河地下水库和王河地下水库，日照市的两城河地下库也正在建设当中。

（3）除此之外，龙口市中村河、蓬莱市平畅河、牟平区沁水河、荣成市沽河、文登市老母猪河、乳山市黄垒河、青岛市白沙河等地均有建设地下水库的需求和条件，有的已经列入政府建设规划。

2. 已建地下水库具有很好的经济和社会效益

（1）地下水库建成后，通过截渗墙的拦截作用，阻止了海水入侵，改善了地下水的水质状况。

（2）地下水库的建成，拦蓄了部分地表径流和地下潜流，补充了地下水资源，提高了水源地供水能力。

（3）通过地表拦蓄工程，恢复了水库流域内的部分湿地，改善了当地的生态环境，为动植物提供了栖息地。

（4）地下水库修建后，库区及周围农田灌溉用水得到保障，逐渐淋洗掉土壤中因海水入侵累积的盐分，土壤养分含量及肥力也逐步得到恢复，使得减产的农田逐渐恢复高产。

3. 构建了一套地下水库运行效果评价指标体系和评价方法

（1）在系统分析地下水库的水文地质条件的基础上，重点研究了地下水库的水量、水质、脆弱性、安全、调蓄能力、管理以及经济社会等要素，构建了一套全面的、科学的地下水库运行效果评价的技术体系。指标体系包含4个层次，分别为目标层、准则层、要素层、指标层。准则层是由供水效果、环境保护效果、经济社会效益三个系统组成。要素层是设立在准则层的背景下，包括自水量、水质、污染源、脆弱性、投资、效益等6项要素。第四级即指标层为各要素层下的具体计算和评价的指标类别，共包含29项。

（2）根据国内外有关标准、政策及现有的阈值，通过专家评议、阈值分级等方法，建立了地下水库运行效果评价等级标准，最后将地下水库运行效果划分为5个等级，分别为理想安全、安全、临界安全、不安全、极不安全。

（3）从权重确定、算子选择以及综合评判结果的向量分析等方面，对评价模型进行了优化和改进。在确定评判对象的因素（指标）集和评判集的基础上，首先运用聚类权法和改进的层次分析法，确定水质和其他各个因素的权重；再利用“梯形分布”型隶属度函数确定评价因子的隶属度矩阵；最后，运用“加权平均型”模糊算子对模糊矩阵与权重向量进行运算，并引入加权平均原则得到模糊综合评判等级，从而构成一个基于模糊综合评判法的地下水库运行效果评价模型。与传统模糊综合评价模型相比，该模型具有隶属度计算简便、隶属信息不丢失的优点。

4. 通过对大沽河地下水库运行效果的全面评价，可以得出

（1）由于地下水库的修建，该区域的地下水水量指标得到保障，地下水开采率和地下水可开采模数都属于安全范围。

（2）由大沽河地下水库水质指标对等级的模糊关系矩阵可以看出，地下水水质偏向于第五等级，属于极不安全范围，其主要原因是地下水中硝酸盐严重超标。

（3）研究区的化肥施用负荷介于第二和第三等级之间，存有潜在安全风险；但农药使用负荷得到了有效控制，属于安全范围；由于大量废水处理厂的建设，库区的废水处理率达到了95.85%，属于理想安全的范围。

（4）该区域地下水埋深较浅，含水层岩性以粗砂、中粗砂为主，上覆土层主要是砂和砂质亚黏土，含水层渗透性好，脆弱性介于第三和第四等级之间，说明该区域易被污染。

（5）大沽河地下水库的修建产生了巨大的经济社会效益，效益投资比为2.09，属于高度可行的项目。

7.2 建　议

通过对大沽河地下水库的运行效果进行评价可知，水库的运行效果总体良好，但水库地下水水质较差。本节针对山东半岛地下水现状和各水库存在的问题，提出保护地下水库和改善地下水环境的建议对策。

1. 制定合理的地下水开采计划

在水资源开发利用过程中，应注重合理有序可持续的发展，水资源的开发和利用，应

结合当地的经济、社会和环境状况，加大城镇生活用水统筹管理力度，分时段、分片区的合理调度，做到既能保证居民的生活供水，又能够合理使用地下水资源。

2. 调整农业产业结构

各级政府部门充分考虑各个库区特点，选用一些经济手段逐步引导该区产业转型，走生态农业的发展道路；推广实行生态平衡施肥技术和生态防治技术，以从源头上控制化肥、农药的大量施用，并结合秸秆还田和节水灌溉技术，提高农业水、肥的利用率；

3. 加强地下水管理

地下水管理的主要方面是保护水质不受污染。通过对含水层进行脆弱性分区管理，建立和完善包括水位、水质动态观测在内的水环境观测网站，可以加强对地下水的全面观测。在实际工作中，依据脆弱性评价指数，建立相应的地下水水源地保护带，即围绕地下水库区设置隔离污染源区，防止污染物进入保护地带。限制建立新的具有污染的工矿企业，建立污水处理厂，限制超标排放污水；加强对居民小区的管理，杜绝生活污水对地下水的污染。

4. 加强监测力度

进一步完善水质监测站网和水环境监测体系，对重点污染地区加密监测点进行重点监测，实行面上监测与重点监测相结合，系统掌握地下水库地下水水质的污染现状及动态变化，定期会诊，及时发现，及时制定和修改防护治理措施。一旦发现污染，应立即查明污染源及污染途径，并采取紧急措施首先制止污染的进一步扩展，然后，再对污染区段逐步进行净化治理。

附录Ⅰ

水利建设项目财务评价中成本测算方法、费率与参数

D.1 一般规定

D. 1. 1 本附录适用于发电、供水、灌溉、防洪等水利建设项目，治涝、河道整治、水土保持等项目可参照执行。

D. 1. 2 执行过程中，应依据国家财政税收制度和规定的变化，对成本项、分类和有关费率、参数等进行相应调整。

D. 1. 3 按本附录测算的成本费用应主要作为水利建设项目前期论证阶段成本分析和项目经济评价的基础。工程建成后应根据国家有关规定执行。

D.2 成本测算方法及费率、参数

D. 2. 1 成本测算应采用以下方法：

（1）水利建设项目成本主要包括材料费、燃料及动力费、修理费、职工薪酬、管理费、库区基金、水资源费、其他费用、固定资产保险费、摊销费和财务费用等。

（2）材料费系指水利工程运行维护过程中自身需要消耗的原材料、原水、辅助材料、备品备件。可根据临近地区近 3 年同类水利建设项目统计资料分析计算。水电站项目缺乏资料时可按 2～5 元/kW 计算。

（3）燃料及动力费主要为水利工程运行过程中的抽水电费、北方地区冬季取暖费及其他所需的燃料等。抽水电费应根据泵站特性、抽水水量和电价等计算确定；取暖费支出以取暖建筑面积作为计算依据；其他费用可根据临近地区近 3 年同类水利建设项目统计资料分析计算。

(4) 修理费主要包括工程日常维护修理费用和每年需计提的大修理基金等。工程修理费按照不同工程类别，按固定资产价值的一定比例计取。

(5) 职工薪酬是指为获得职工提供的服务面给予各种形式的报酬及其相关支出。职工薪酬包括：职工工资(指工资、奖金、津贴和补贴等各种货币报酬)；职工福利费；医疗保险费、养老保险费、失业保险费、工伤保险费和生育保险费等社会保险费；住房公积金；工会经费和职工教育经费；非货币性福利；因解除与职工的劳动关系给予的补偿；其他与获得职工提供的服务相关的支出。

① 职工人数应符合国家规定的定员标准。人员工资、奖金、津贴和补贴按当地统计部门公布的独立核算工业企业(国有经济)平均工资水平的 1.0～1.2 倍测算，或参照邻近地区同类工程运行管理人员工资水平确定。

② 职工福利费、工会经费、职工教育经费、住房公积金以及社会基本保险费的计提基数按照核定的相应工资标准确定。职工福利费、工会经费、职工教育经费的计提比例按照国家统一规定的比例 14%、2%和 2.5%计提；社会基本保险费和住房公积金等的计提比例按当地政府规定的比例确定。

③ 缺乏资料时，可按表 D.2.1 参考指标计算。

(6) 管理费主要包括水利工程管理机构的差旅费、办公费、咨询费、审计费、诉讼费、排污费、绿化费、业务招待费、坏账损失等。可根据近 3 年临近地区同类水利建设项目统计资料分析计算。缺乏资料时，可参照表 D.2.2-1 选取。

(7) 库区基金是指水库蓄水后，为支持实施库区及移民安置区基础设施建设和经济发展规划、支持库区防护工程和移民生产生活设施维护、解决水库移民的其他遗留问题等需花费的费用。根据国家现行规定，装机容量在 2.5×10^4 kW 及以上有发电收入的水库和水电站，根据水库实际上网销售电量，按不高于 0.008 元/(kW·h)的标准征收。

表 D.2.1 职工薪酬计算表 单位：

序 号	项 目	费率(%)	计算基数	备 注
	职工工资总额			职工人数(人)×人员工资(万元/(人·年))
1	职工福利费	14.0	工资总额	
2	工会经费	2.0	工资总额	
3	职工教育经费	2.5	工资总额	
4	养老保险费	20.0	工资总额	
5	医疗保险费	9.0	工资总额	
6	工伤保险费	1.5	工资总额	
7	生育保险	1.0	工资总额	
8	失业保险费	2.0	工资总额	
9	住房公积金	10.0	工资总额	
合 计		62.0		

注：职工薪酬项目类别和各项目的计提费率应按照国家有关政策和规定执行，并根据政策和规定的变化进行相应调整。

（8）水资源费根据取水口所在区域县级以上水行政主管部门确定的水资源费征收标准和多年平均取水量确定。

（9）其他费用指水利工程运行维护过程中发生的除职工薪酬、材料费等以外的与生产活动直接相关的支出，包括工程观测费、水质监测费、临时设施等。该项费用可参照类似项目近期调查资料分析计算；缺乏资料时，可按表D.2.2-1～表D.2.2-3取值。

（10）固定资产保险费为非强制性险种，有经营性收入的水利工程在有条件的情况下可予以考虑，保费按与保险公司的协议确定。在未明确保险公司或保险公司没有明确规定时，可按固定资产原值的0.05%～0.25%计算。

表D.2.2-1 水库工程成本测算费率表

<table>
<tr><th rowspan="2">序　号</th><th rowspan="2">成本项目</th><th rowspan="2">费　率</th><th colspan="3">计算基数</th><th rowspan="2">备　注</th></tr>
<tr><th>发　电</th><th>防　洪</th><th>供水（含灌溉）</th></tr>
<tr><td>1</td><td>材料费</td><td>发电2～5元/kW，
防洪供水0.1%</td><td>装机容量</td><td colspan="2">固定资产原值</td><td rowspan="5">固定资产原值中不包括占地淹没补偿费用</td></tr>
<tr><td>2</td><td>燃料及动力费</td><td>0.1%</td><td>固定资产原值</td><td colspan="2">固定资产原值</td></tr>
<tr><td>3</td><td>修理费</td><td>1%</td><td>固定资产原值</td><td colspan="2">固定资产原值</td></tr>
<tr><td>4</td><td>职工薪酬</td><td>162%</td><td>工资总额</td><td colspan="2">工资总额</td></tr>
<tr><td>5</td><td>管理费</td><td>1～2倍</td><td>职工薪酬</td><td colspan="2">职工薪酬</td></tr>
<tr><td>6</td><td>库区基金</td><td>0.001～0.008元/（kW•h）</td><td>上网电量</td><td></td><td></td><td></td></tr>
<tr><td>7</td><td>水资源费</td><td>根据各省区
有关规定执行</td><td>年发电量</td><td></td><td>年引水量</td><td></td></tr>
<tr><td>8</td><td>其他费用</td><td>发电8～24元/kW防洪供水10%</td><td>装机容量</td><td colspan="2">第1～4项之和</td><td>水电站装机小于20万kW采用24元/kW，≥30万kW采用8元/kW</td></tr>
<tr><td>9</td><td>固定资产保险费</td><td>0.05%～0.25%</td><td colspan="3">固定资产原值</td><td>于保险公司有协议时按协议执行。固定资产原值中不包括占地淹没补偿费用。</td></tr>
<tr><td>10</td><td>折旧（摊销费）</td><td>根据折旧年限（摊销年限）拟定</td><td colspan="3">固定资产原值、递延资产</td><td></td></tr>
</table>

注：① 综合利用水库的各项功能需分别测算成本时，按分摊到各功能的固定资产原值作为测算基础；② 水电站上网电量 = 年有效发电量 ×（1 − 厂用电率）×（1 − 输变电损失率）；③ 北方地区水库的燃料及动力费中的取暖费用也可按照取暖建筑面积和当地取暖费率计算。

（11）固定资产折旧费可按各类固定资产原值、折旧年限分类核算，一般采用平均年限法分类计提；也可采用综合折旧率按年平均提取。

（12）水利工程摊销费是生产经营者需计提的管理费组成部分，主要包括土地资产推销、无形资产推销、开办费推销等。鉴于该项费用提取要求尚无明确规定，可将土地资产、无形资产、开办费等计入固定资产原值，按固定资产折旧办法进行摊销。

（13）财务费用是指生产经营者为筹集资金而发生的费用，包括在生产经营期间发生的利息支出（减利息收入），汇兑净损失，金融机构手续费以及筹资发生的其他财务费用。该项费用与国家金融政策密切相关，要及时根据国家政策变化情况进行调整。

（14）固定资产原值为建设该项目所实际发生的全部支出。以固定资产原值作为成本推算基数时，材料费、燃料及动力费、修理费、保险费等与工程运行有关的成本项应采用扣除占地淹没补偿费用后的固定资产原值。

（15）对于改扩建项目，以新增固定资产原值作为测算新增成本费用的基数。如需测算项目整体成本费用，应以原有固定资产重估值与新增固定资产原值之和作为成本测算的基数。

D. 2. 2　不同水利建设项目成本测算费率应按以下方法计算：

（1）无资产资料时，水库工程成本测算费率，可根据工程实际情况按表 D2. 2-1 选择使用。

（2）提防工程的年运行费可根据有关部门相关规定或参照邻近地区同类已建提防工程的费率分析计算。缺乏资料时，可按表 D. 2. 2-2 的方法一以提防或河道长度作为基数测算，也可按方法二以工程固定资产原值作为基数测算。有条件时，提防工程可参照表 D. 2. 2-1，选择有关成本类别分类计算。

（3）供水（含调水）、灌溉等水利建设项目一般由水库、输水干线、泵站等工程组成，其中水库工程可按表 D. 2. 2-1 所列成本分项和费率测算成本；输水和泵站工程可按表 D. 2. 2-3 选择综合费率计算成本，有条件时，也可参照表 D. 2. 2-1 分项测算成本。

表 D.2.2-2　提防工程年运行费率表

方　法	成本项目	费　率				计算基数
		费率单位	一级提防	二级提防	三级及以下提防	
一	工程维护费	万元(km)	6～8	4～6	3～4	提防(或河道)长度
	管理费		8	6	5	
二	工程维护费	%	1.0%	1.2%	1.4%	固定资产值或重估值
	管理费		0.5%	0.4%	0.3%	

注：① 工程维护费中包括了修理费、材料费、燃料及动力费等与工程修理养护有关的成本费用：管理费中包括职工薪酬、管理费、其他费用等与工程管理有关的费用。② 以固定资产作为计算年运行费的基数时，新建堤防工程采用固定资产原值，已有工程采用固定资产重估值。③ 堤防工程沿线规模较小的涵闸等建筑物，可与堤防工程视为一个整体，按堤防工程的相关费率测算成本。

表 D.2.2-3　供水、灌溉工程成本测算费率表

序号	成本项目	费　率				计算基数	备　注
		输水工程			泵站工程		
		管　涵	渠　道	隧　洞			
1	工程维护费	1.0%～2.5%	1.0%～1.5%	1.0%	1.5%～2.0%	固定资产原值	固定资产原值中不包括占地淹没补偿费用
2	管理费	1.0%	0.5%	0.3%	1.0%	固定资产原值	

续表

序号	成本项目	费率				计算基数	备注
		输水工程			泵站工程		
		管涵	渠道	隧洞			
3					电价	抽水水量、扬程	
4	水资源费	水资源费价格 元/m^3				多年平均引水量	
5	原水水费	原水价格 元/m^3				购买原水水量	
6	固定资产保险费	0.05%～0.25%				固定资产原值	固定资产原值不包括占地淹没补偿费用
7	折旧费	折旧年限 3%～4%	折旧年限 2%～2.5%	折旧年限 2%	折旧年限 3%～3.5%	固定资产原值	

注:① 工程维护费中包括修理费、材料费、燃料即动力费等与工程修理维护有关的成本费用。管理费中包括职工薪酬、其他费用等与工程管理有关的费用,按固定资产的比例计算。② 输水干线沿线建筑物和规模较小的泵站,可与输水工程视为一个整体,按输水工程的相关费率计算成本。③ 水资源费应按供水或灌溉工程的引水渠首断面水量进行计算,其他中间环节不再重复计算,水资源费价格按各省市水行政主管部门有关规定执行。④ 折旧费可按固定资产值除以折旧年限,也可按综合年折旧率乘固定资产原值计算。

D.3 其他财务指标计算方法和参数

D. 3. 1 水利工程流动资金是指运行期内长期占用并周转使用的运营资金,不包括运用中临时需要的运营资金,可采用扩大指标估算法计算。扩大指标估算法可参照同类已建工程流动资金占销售收入、经营成本的比例,或单位产量占用流动资金的数额估算。缺乏资料时,供水、灌溉工程可按月运行费的 1.5 倍考虑,或按年运行费的 8%～10%计算;水电站工程根据工程规模的大小,可采用 10～15 kW 计算。鉴于水利工程流动资金使用占投资比重较小,工程设计阶段流动资金可暂按全额资本金考虑。

D. 3. 2 水利工程资本金比例,应按国家有关规定执行。没有规定时,供水工程宜不低于固定投资的 35%;水电站工程不低于固定资产投资的 20%。

D. 3. 3 按《中华人民共和国企业所得税法》,水利工程企业所得税税率为 25%。对于国家或地方政府有另外规定减征或者免征的可按规定执行。

D. 3. 4 按《中华人民共和国增值税暂行条例》,自来水项目增值税税率为 13%,其他项目增值税税率为 17%。水利工程的增值税为价外税,不计入产品价格,对于地方和部门有另外规定的可计入产品价格。水利供水工程需缴纳营业税的,应按国家或地方政府的有关规定执行。

D. 3. 5 水利工程需缴纳城市维护建设税和教育费附加,应以增值税、营业税为依据计提。城市维护建设税按纳税人(工程)所在地实行差别税率,市区为 7%,县城、建制镇为 5%,其他地区为 1%。教育费附加的计税依据是纳税人缴纳增值税、营业税的税额,附加率应按有关规定执行，没有规定的，可取 3%。

D. 3. 6 公积金又称储备金，是公司为了巩固自身的财产基础，提高公司的信用和预防意外亏损，按照法律和公司章程的规定，在公司资本意外积存的资金。此项公积金与公司资本的性质相同，又称公司的附加资本。公积金分为法定盈余公积金和任意公积金，水利建设项目法定盈余公积金应依照法律规定在当年税后利润中提取利润的 10%。法定盈余公积金累计额为公司注册资本的 50% 以上时，可不再提取。任意公积金又称任意盈余公积金，是指根据公司章程或股东会决议与法定公积金外自由提取的公积金。

ICS 13.060
Z 50

中华人民共和国国家标准

GB/T 14848—2017
代替 GB/T 14848--1993

地下水质量标准

Standard for groundwater quality

2017-10-14 发布 2018-05-01 实施

中华人民共和国国家质量监督检验检疫总局
中 国 国 家 标 准 化 管 理 委 员 会 发布

目 次

前言

本标准按照 GB/T 1.1—2009 给出的规则起草。

本标准代替 GB/T 14848—1993《地下水质量标准》,与 GB/T 14848—1993 相比,除编辑性修改外,主要技术变化如下:

——水质指标由 GB/T 14848—1993 的 39 项增加至 93 项,增加了 54 项;

——参照 GB 5749—2006《生活饮用水卫生标准》,将地下水质量指标划分为常规指标和非常规指标;

——感官性状及一般化学指标由 17 项增至 20 项,增加了铝、硫化物和钠 3 项指标;用耗氧量替换了高锰酸盐指数。修订了总硬度、铁、锰、氨氮 4 项指标;

——毒理学指标中无机化合物指标由 16 项增加至 20 项,增加了硼、锑、银和铊 4 项指标;修订了亚硝酸盐、碘化物、汞、砷、镉、铅、铍、钡、镍、钴和钼 11 项指标;

——毒理学指标中有机化合物指标由 2 项增至 49 项,增加了三氯甲烷、四氯化碳、1,1,1-三氯乙烷、三氯乙烯、四氯乙烯、二氯甲烷、1,2-二氯乙烷、1,1,2-三氯乙烷、1,2-二氯丙烷、三溴甲烷、氯乙烯、1,1-二氯乙烯、1,2-二氯乙烯、氯苯、邻二氯苯、对二氯苯、三氯苯(总量)、苯、甲苯、乙苯、二甲苯、苯乙烯、2,4-二硝基甲苯、2,6-二硝基甲苯、萘、蒽、荧蒽、苯并(b)荧蒽、苯并(a)芘、氯联苯(总量)、y-六六六(林丹)、六氯苯、七氯、莠去津、五氯酚、2,4,6-三氯酚、邻苯二甲酸 二(2-乙基己基)酯、克百威、涕灭威、敌敌畏、甲基对硫磷、马拉硫磷、乐果、百菌清、2,4-滴、毒死蜱和草甘膦;滴滴涕和六六六分别用滴滴涕(总量)和六六六(总量)代替,并进行了修订;

——放射性指标中修订了总 α 放射性;

——修订了地下水质量综合评价的有关规定。

本标准由中华人民共和国国土资源部和水利部共同提出。

本标准由全国国土资源标准化技术委员会(SAC/TC 93)归口。

本标准主要起草单位:中国地质调查局、水利部水文局、中国地质科学院水文地质环境地质研究所、中国地质大学(北京)、国家地质实验测试中心、中国地质环境监测院、中国水利水电科学研究院、淮河流域水环境监测中心、海河流域水资源保护局、中国地质调查局水文地质环境地质调查中心、中国地质调查局沈阳地质调查中心、中国地质调查局南京地质调查中心、清华大学、中国农业大学。

本标准主要起草人:文冬光、孙继朝、何江涛、毛学文、林良俊、王苏明、刘菲、饶竹、荆继红、齐继祥、周怀东、吴培任、唐克旺、罗阳、袁浩、汪珊、陈鸿汉、李广贺、吴爱民、李重九、张二勇、王璜、蔡五田、刘景涛、徐慧珍、朱雪琴、叶念军、王晓光。

本标准所代替标准的历次版本发布情况为:

—GB/T 14848—1993

引　言

随着我国工业化进程加快，人工合成的各种化合物投入施用，地下水中各种化学组分正在发生变化；分析技术不断进步，为适应调查评价需要，进一步与升级的 GB 5749—2006 相协调，促进交流，有必 要对 GB/T 14848—1993 进行修订。

GB/T 14848—1993 是以地下水形成背景为基础，适应了当时的评价需要。新标准结合修订的 GB 5749—2006、国土资源部近 20 年地下水方面的科研成果和国际最新研究成果进行了修订，增加了 指标数量，指标由 GB/T 14848—1993 的 39 项增加至 93 项，增加了 54 项；调整了 20 项指标分类限值，直接采用了 19 项指标分类限值；减少了综合评价规定，使标准具有更广泛的应用性。

地下水质量标准

1　范围

本标准规定了地下水质量分类、指标及限值，地下水质量调查与监测，地下水质量评价等内容。

本标准适用于地下水质量调查、监测、评价与管理。

2　规范性引用文件

下列文件对于本书件的应用是必不可少的。凡是注日期的引用文件，仅注日期的版本适用于本书件。凡是不注日期的引用文件，其最新版本（包括所有的修改单）适用于本书件。

GB 5749—2006 生活饮用水卫生标准

GB/T 27025—2008 检测和校准实验室能力的通用要求

3　术语和定义

下列术语和定义适用于本书件。

3.1　地下水质量 groundwater quality

地下水的物理、化学和生物性质的总称。

3.2　常规指标 regular indices

反映地下水质量基本状况的指标，包括感官性状及一般化学指标、微生物指标、常见毒理学指标和放射性指标。

3.3　非常规指标 non－regular indices

在常规指标上的拓展，根据地区和时间差异或特殊情况确定的地下水质量指标，反映地下水中所产生的主要质量问题，包括比较少见的无机和有机毒理学指标。

3.4　人体健康风险 human health risk

地下水中各种组分对人体健康产生危害的概率。

4　地下水质量分类及指标

4.1　地下水质量分类

依据我国地下水质量状况和人体健康风险，参照生活饮用水、工业、农业等用水质量要求，依据各组分含量高低（pH除外），分为五类。

Ⅰ类：地下水化学组分含量低，适用于各种用途；

Ⅱ类：地下水化学组分含量较低，适用于各种用途；

Ⅲ类：地下水化学组分含量中等，以GB 5749—2006为依据，主要适用于集中式生活饮用水水源及工农业用水；

Ⅳ类：地下水化学组分含量较高，以农业和工业用水质量要求以及一定水平的人体健康风险为依据，适用于农业和部分工业用水，适当处理后可作生活饮用水；

Ⅴ类：地下水化学组分含量高，不宜作为生活饮用水水源，其他用水可根据使用目的选用。

4.2　地下水质量分类指标

地下水质量指标分为常规指标和非常规指标，分类限值分别见表1、表2。

表1　地下水质量常规指标及限值

序号	指标	Ⅰ类	Ⅱ类	Ⅲ类	Ⅳ类	Ⅴ类
感官性状及一般化学指标						
1	色（铂钴色度单位）	≤5	≤5	≤15	≤25	>25
2	嗅和味	无	无	无	无	有
3	浑浊度/NTU[a]	≤3	≤3	≤3	≤10	>10
4	肉眼可见物	无	无	无	无	有
5	pH	6.5≤pH≤8.5			5.5≤pH<6.5 8.5<pH≤9.0	pH<5.5或 pH>9.0
6	总硬度（以$CaCO_3$计）（mg/L）	≤150	≤300	≤450	≤650	>650
7	溶解性总固体（mg/L）	≤300	≤500	≤1 000	≤2 000	>2 000
8	硫酸盐（mg/L）	≤50	≤150	≤250	≤350	>350
9	氯化物（mg/L）	≤50	≤150	≤250	≤350	>350
10	铁（mg/L）	≤0.1	≤0.2	≤0.3	≤2.0	>2.0
11	锰（mg/L）	≤0.05	≤0.05	≤0.10	≤1.50	>1.50
12	铜（mg/L）	≤0.01	≤0.05	≤1.00	≤1.50	>1.50
13	锌（mg/L）	≤0.05	≤0.05	≤1.00	≤5.00	>5.00
14	铝（mg/L）	≤0.01	≤0.05	≤0.20	≤0.50	>0.50
15	挥发性酚类（以苯酚计）（mg/L）	≤0.001	≤0.001	≤0.002	≤0.01	>0.01

续表

序　号	指　标	Ⅰ类	Ⅱ类	Ⅲ类	Ⅳ类	Ⅴ类
16	阴离子表面活性剂(mg/L)	不得检出	≤0.1	≤0.3	≤0.3	>0.3
17	耗氧量(CODMn 法,以 O_2 计)(mg/L)	≤1.0	≤2.0	≤3.0	≤10.0	>10.0
18	氨氮(以N计)(mg/L)	≤0.02	≤0.1	≤0.50	≤1.50	>1.50
19	硫化物(mg/L)	≤0.005	≤0.01	≤0.02	≤0.10	>0.10
20	钠(mg/L)	≤100	≤150	≤200	≤400	>400
微生物指标						
21	总大肠杆菌群 /(MPN[b]/100 ml 或 CFU[c]/100 ml)	≤3.0	≤3.0	≤3.0	≤100	>100
22	菌落总数(CFU/ml)	≤100	≤100	≤100	≤1 000	>1 000
毒理学指标						
23	亚硝酸盐(以N计)(mg/L)	≤0.01	≤0.10	≤1.00	≤4.80	>4.80
24	硝酸盐(以N计)(mg/L)	≤2.0	≤5.0	≤20.0	≤30.0	>30.0
25	氰化物(mg/L)	≤0.001	≤0.01	≤0.05	≤0.1	>0.1
26	氟化物(mg/L)	≤1.0	≤1.0	≤1.0	≤2.0	>2.0
27	碘化物(mg/L)	≤0.04	≤0.04	≤0.8	≤0.50	>0.50
28	汞(mg/L)	≤0.000 1	≤0.000 1	≤0.001	≤0.002	>0.002
毒理学指标						
29	砷(mg/L)	≤0.001	≤0.001	≤0.01	≤0.05	>0.05
30	硒(mg/L)	≤0.01	≤0.01	≤0.01	≤0.10	>0.10
31	镉(mg/L)	≤0.000 1	≤0.001	≤0.005	≤0.01	>0.01
32	铬(六价)(mg/L)	≤0.005	≤0.01	≤0.05	≤0.10	>0.10
33	铅(mg/L)	≤0.005	≤0.005	≤0.01	≤0.10	>0.10
34	三氯甲烷(μg/L)	≤0.5	≤6	≤60	≤300	>300
35	四氯甲烷(μg/L)	≤0.5	≤0.5	≤2.0	≤50.0	>50.0
36	苯(μg/L)	≤0.5	≤1.0	≤10.0	≤120	>120
37	甲苯(μg/L)	≤0.5	≤140	≤700	≤1400	>1400
放射性指标[d]						
38	总 α 放射性(Bq/L)	≤0.1	≤0.1	≤0.5	>0.5	>0.5
39	总 β 放射性(Bq/L)	≤0.1	≤1.0	≤1.0	>1.0	>1.0

a. NTU 为散射浊度单位;
b. MPN 表示最可能数;
c. CFU 表示菌落形成单位;
d. 放射性指标超过指导值,应进行核素分析和评价。

表2　地下水质量非常规指标及限

序号	指标	Ⅰ类	Ⅱ类	Ⅲ类	Ⅳ类	Ⅴ类
毒理学指标						
1	铍(mg/L)	≤0.000 1	≤0.000 1	≤0.002	≤0.06	>0.06
2	硼(mg/L)	≤0.02	≤0.10	≤0.50	≤2.00	>2.00
3	锑(mg/L)	≤0.000 1	≤0.000 5	≤0.005	≤0.01	>0.01
4	钡(mg/L)	≤0.01	≤0.10	≤0.70	≤4.00	>4.00
5	镍(mg/L)	≤0.002	≤0.002	≤0.02	≤0.10	>0.10
6	钴(mg/L)	≤0.005	≤0.005	≤0.05	≤0.10	>0.10
7	钼(mg/L)	≤0.001	≤0.01	≤0.07	≤0.15	>0.15
8	银(mg/L)	≤0.001	≤0.01	≤0.05	≤0.10	>0.10
9	铊(mg/L)	≤0.000 1	≤0.000 1	≤0.000 1	≤0.001	>0.001
10	二氯甲烷(μg/L)	≤1	≤2	≤20	≤500	>500
11	1,2-二氯甲烷(μg/L)	≤0.5	≤3.0	≤30.0	≤40.0	>40.0
12	1,1,1-二氯甲烷(μg/L)	≤0.5	≤400	≤2 000	≤4 000	>4 000
13	1,1,2-二氯甲烷(μg/L)	≤0.5	≤0.5	≤5.0	≤60.0	>60.0
14	1,2-二氯丙烷(μg/L)	≤0.5	≤0.5	≤5.0	≤60.0	>60.0
15	三溴甲烷(μg/L)	≤0.5	≤10.0	≤100	≤800	>800
16	氯乙烯(μg/L)	≤0.5	≤0.5	≤5.0	≤90.0	>90.0
17	1,1-二氯乙烯(μg/L)	≤0.5	≤3.0	≤30.0	≤60.0	>60.0
18	1,2-二氯乙烯(μg/L)	≤0.5	≤5.0	≤50.0	≤60.0	>60.0
19	三氯乙烯(μg/L)	≤0.5	≤7.0	≤70.0	≤210	>210
20	四氯乙烯(μg/L)	≤0.5	≤4.0	≤40.0	≤300	>300
21	氯苯(μg/L)	≤0.5	≤60.0	≤300	≤600	>600
22	邻二氯苯(μg/L)	≤0.5	≤200	≤1 000	≤2 000	>2 000
23	对二氯苯(μg/L)	≤0.5	≤30.0	≤300	≤600	>600
24	三氯苯(总量)(μg/L)[a]	≤0.5	≤4.0	≤20.0	≤180	>180
25	乙苯(μg/L)	≤0.5	≤30.0	≤300	≤600	>600
26	二甲苯(总量)(μg/L)[b]	≤0.5	≤100	≤500	≤1 000	>1 000
27	苯乙烯(μg/L)	≤0.5	≤2.0	≤20.0	≤40.0	>40.0
28	2,4-二硝基甲苯(μg/L)	≤0.1	≤0.5	≤5.0	≤60.0	>60.0
29	2,6-二硝基甲苯(μg/L)	≤0.1	≤0.5	≤5.0	≤30.0	>30.0
30	萘(μg/L)	≤1	≤10	≤100	≤600	>600
31	蒽(μg/L)	≤1	≤360	≤1 800	≤3 600	>3 600
32	荧蒽(μg/L)	≤1	≤50	≤240	≤480	>480
33	苯并(b)荧蒽(μg/L)	≤0.1	≤0.4	≤4.0	≤8.0	>8.0

续表

序号	指标	Ⅰ类	Ⅱ类	Ⅲ类	Ⅳ类	Ⅴ类
34	苯并(a)芘(μg/L)	≤0.002	≤0.002	≤0.01	≤0.50	>0.50
35	多氯联苯(总量)(μg/L)[c]	≤0.05	≤0.05	≤0.50	≤10.0	>10.0
36	邻苯二甲酸二(2-乙基己基)酯(μg/L)	≤3	≤3	≤8.0	≤300	>300
37	2,4,6-三氯酚(μg/L)	≤0.05	≤20.0	≤200	≤300	>300
38	五氯酚(μg/L)	≤0.05	≤0.90	≤9.0	≤18.0	>18.0
39	六六六(总量)(μg/L)[d]	≤0.01	≤0.50	≤5.00	≤300	>300
40	γ-六六六(林丹)(μg/L)	≤0.01	≤0.20	≤2.00	≤150	>150
41	滴滴涕(总量)(μg/L)[e]	≤0.01	≤0.10	≤1.00	≤2.00	>2.00
42	六氯苯(μg/L)	≤0.01	≤0.10	≤1.00	≤2.00	>2.00
43	七氯(μg/L)	≤0.01	≤0.04	≤0.40	≤0.80	>0.80
44	2,4-滴(μg/L)	≤0.1	≤6.0	≤30.0	≤150	>150
45	克百威(μg/L)	≤0.05	≤1.40	≤7.00	≤14.0	>14.0
46	涕灭威(μg/L)	≤0.05	≤0.60	≤3.00	≤30.0	>30.0
47	敌敌畏(μg/L)	≤0.05	≤0.10	≤1.00	≤2.00	>2.00
48	甲基对硫磷(μg/L)	≤0.05	≤4.00	≤20.0	≤40.0	>40.0
49	马拉硫磷(μg/L)	≤0.05	≤25.0	≤250	≤500	>500
50	乐果(μg/L)	≤0.05	≤16.0	≤80.0	≤160	>160
51	毒死蜱(μg/L)	≤0.05	≤6.00	≤30.0	≤60.0	>60.0
52	百菌清(μg/L)	≤0.05	≤1.00	≤10.0	≤150	>150
53	莠去津(μg/L)	≤0.05	≤0.40	≤2.00	≤600	>600
54	草甘膦(μg/L)	≤0.1	≤140	≤700	≤1 400	>1 400

a. 三氯苯(总量)为1,2,3-三氯苯、1,2,4-三氯苯、1,3,5-三氯苯三种异构体加和。

b. 二甲苯(总量)为邻二甲苯、间二甲苯、对二甲苯三种异构体加和。

c. 多氯联苯(总量)为PCB28、PCB52、PCB10、PCB118、PCB138、PCB153、PCB180、PCB194、PCB206九种多氯联苯单体加和。

d. 六六六(总量)为α-六六六、β-六六六、γ-六六六、δ-六六六四种异构体加和。

e. 滴滴涕(总量)为o,p′-滴滴涕、p,p′-滴滴伊、p,p′-滴滴滴、p,p′-滴滴涕四种异构体加和。

5 地下水质量调查与监测

5.1 地下水质量应定期监测。潜水监测频率应不少于每年两次(丰水期和枯水期各1次),承压水监测频率可以根据质量变化情况确定,宜每年1次。

5.2 依据地下水质量的动态变化,应定期开展区域性地下水质量调查评价。

5.3 地下水质量调查与监测指标以常规指标为主,为便于水化学分析结果的审核,应补充钾、钙、镁、重碳酸根、碳酸根、游离二氧化碳指标;不同地区可在常规指标的基础上,根据当地实际情况补充选定非常规指标进行调查与监测。

5.4　地下水样品的采集参照相关标准执行，地下水样品的保存和送检按附录A执行。

5.5　地下水质量检测方法的选择参见附录B，使用前应按照GB/T 27025—2008中5.4的要求，进行有效确认和验证。

6　地下水质量评价

6.1　地下水质量评价应以地下水质量检测资料为基础。

6.2　地下水质量单指标评价，按指标值所在的限值范围确定地下水质量类别，指标限值相同时，从优不从劣。

示例：挥发性酚类Ⅰ，Ⅱ类限值均为0.001 mg/L，若质量分析结果为0.001 mg/L时，应定为Ⅰ类，不定为Ⅱ类。

6.3　地下水质量综合评价，按单指标评价结果最差的类别确定，并指出最差类别的指标。

示例：某地下水样氯化物含量400 mg/L，四氯乙烯含量350 μg/L，这两个指标属Ⅴ类，其余指标均低于Ⅴ类。则该地下水质量综合类别定为Ⅴ类，Ⅴ类指标为氯离子和四氯乙烯。

附录A
（规范性附录）
地下水样品保存和送检要求

地下水样品的保存和送检要求见表A.1。

表A.1　地下水样品的保存和送检要求

序　号	检测指标	采样容器和体积	保存方法	保存时间
1	色	G或P，1 L	原样	10 d
2	嗅和味	G或P，1 L	原样	10 d
3	浑浊度	G或P，1 L	原样	10 d
4	肉眼可见物	G或P，1 L	原样	10 d
5	pH	G或P，1 L	原样	10 d
6	总硬度	G或P，1 L	原样	10 d
7	溶解性总固体	G或P，1 L	原样	10 d
8	硫酸盐	G或P，1 L	原样	10 d
9	氯化物	G或P，1 L	原样	10 d
10	铁	G或P，1 L	原样	10 d
11	锰	G，0.5 L	硝酸，pH ≦ 2	30 d
12	铜	G，0.5 L	硝酸，pH ≦ 2	30 d
13	锌	G，0.5 L	硝酸，pH ≦ 2	30 d
14	铝	G，0.5 L	硝酸，pH ≦ 2	30 d

续表

序　号	检测指标	采样容器和体积	保存方法	保存时间
15	挥发性酚类	G,1 L	氢氧化钠,pH ≥ 12,4 ℃冷藏	24 h
16	阴离子表面活性剂	G 或 P,1 L	原样	10 d
17	耗氧量(CODMn 法)	G 或 P,1 L	原样 或硫酸,pH ≤ 2	10 d 24 h
18	氨氮	G 或 P,1 L	原样 或硫酸,pH ≤ 2,4 ℃冷藏	10 d 24 h
19	硫化物	棕色 G,0.5 L	每 100 mL 水样加入 4 滴乙酸锌溶液(200 g/L)和氢氧化钠溶液(40 g/L),避光	7 d
20	钠	G 或 P,1 L	原样	10 d
21	总大肠菌群	灭菌瓶或灭菌袋	原样	4 h
22	菌落总数	灭菌瓶或灭菌袋	原样	4 h
23	亚硝酸盐	G 或 P,1 L	原样 或硫酸,pH ≤ 2,4 ℃冷藏	10 d 24 h
24	硝酸盐	G 或 P,1 L	原样 或硫酸,pH ≤ 2,4 ℃冷藏	10 d 24 h
25	氰化物	G,1 L	氢氧化钠,pH ≥ 12,4 ℃冷藏	24 h
26	氟化物	G 或 P,1 L	原样	10 d
27	碘化物	G 或 P,1 L	原样	10 d
28	汞	G,0.5 L	硝酸,pH ≤ 2	30 d
29	砷	G 或 P,1 L	原样	10 d
30	硒	G,0.5 L	硝酸,pH ≤ 2	30 d
31	镉	G,0.5 L	硝酸,pH ≤ 2	30 d
32	铬(六价)	G 或 P,1 L	原样	10 d
33	铅	G,0.5 L	硝酸,pH ≤ 2	30 d
34	总 α 放射性	P,5 L	原样或盐酸,pH ≤ 2	30 d
35	总 β 放射性	P,5 L	原样或盐酸,pH ≤ 2	30 d
36	铍	G,0.5 L	硝酸,pH ≤ 2	30 d
37	硼	G 或 P,1 L	原样	10 d
38	锑	G,0.5 L	硝酸,pH ≤ 2	30 d
39	钡	G,0.5 L	硝酸,pH ≤ 2	30 d
40	镍	G,0.5 L	硝酸,pH ≤ 2	30 d
41	钴	G,0.5 L	硝酸,pH ≤ 2	30 d
42	钼	G,0.5 L	硝酸,pH ≤ 2	30 d
43	银	G,0.5 L	硝酸,pH ≤ 2	30 d
44	铊	G,0.5 L	硝酸,pH ≤ 2	30 d

续表

序　号	检测指标	采样容器和体积	保存方法	保存时间
45	三氯甲烷	2×40 mL VOA 棕色 G	加酸，pH<2，4℃冷藏	14 d
46	四氯化碳	2×40 mL VOA 棕色 G	加酸，pH<2，4℃冷藏	14 d
47	苯	2×40 mL VOA 棕色 G	加酸，pH<2，4℃冷藏	14 d
48	甲烷	2×40 mL VOA 棕色 G	加酸，pH<2，4℃冷藏	14 d
49	二氯甲烷	2×40 mL VOA 棕色 G	加酸，pH<2，4℃冷藏	14 d
50	1，2-二氯乙烷	2×40 mL VOA 棕色 G	加酸，pH<2，4℃冷藏	14 d
51	1，1，1-三氯乙烷	2×40 mL VOA 棕色 G	加酸，pH<2，4℃冷藏	14 d
52	1，1，2-三氯乙烷	2×40 mL VOA 棕色 G	加酸，pH<2，4℃冷藏	14 d
53	1，2-二氯丙烷	2×40 mL VOA 棕色 G	加酸，pH<2，4℃冷藏	14 d
54	三溴甲烷	2×40 mL VOA 棕色 G	甲酸，pH<2，4 ℃冷藏	14 d
55	氯乙烯	2×40 mL VOA 棕色 G	甲酸，pH<2，4 ℃冷藏	14 d
56	1，1-二氯乙烯	2×40 mL VOA 棕色 G	甲酸，pH<2，4 ℃冷藏	14 d
57	1，2-二氯乙烯	2×40 mL VOA 棕色 G	甲酸，pH<2，4 ℃冷藏	14 d
58	三氯乙烯	2×40 mL VOA 棕色 G	甲酸，pH<2，4 ℃冷藏	14 d
59	四氯乙烯	2×40 mL VOA 棕色 G	甲酸，pH<2，4 ℃冷藏	14 d
60	氯苯	2×40 mL VOA 棕色 G	甲酸，pH<2，4 ℃冷藏	14 d
61	邻二氯苯	2×40 mL VOA 棕色 G	甲酸，pH<2，4 ℃冷藏	14 d
62	对二氯苯	2×40 mL VOA 棕色 G	甲酸，pH<2，4 ℃冷藏	14 d
63	三氯苯（总量）	2×40 mL VOA 棕色 G	甲酸，pH<2，4 ℃冷藏	14 d
64	乙苯	2×40 mL VOA 棕色 G	甲酸，pH<2，4 ℃冷藏	14 d
65	二甲苯（总量）	2×40 mL VOA 棕色 G	甲酸，pH<2，4 ℃冷藏	14 d
66	苯乙烯	2×40 mL VOA 棕色 G	甲酸，pH<2，4 ℃冷藏	14 d
67	2，4-二硝基甲苯	2×1 000 mL 棕色 G	4 ℃冷藏	7 d（提取），40 d
68	2，6-二硝基甲苯	2×1 000 mL 棕色 G	4 ℃冷藏	7 d（提取），40 d
69	萘	2×1 000 mL 棕色 G	4 ℃冷藏	7 d（提取），40 d
70	蒽	2×1 000 mL 棕色 G	4 ℃冷藏	7 d（提取），40 d
71	荧蒽	2×1 000 mL 棕色 G	4 ℃冷藏	7 d（提取），40 d
72	苯并（b）荧蒽	2×1 000 mL 棕色 G	4 ℃冷藏	7 d（提取），40 d
73	苯并（a）芘	2×1 000 mL 棕色 G	4 ℃冷藏	7 d（提取），40 d
74	多氯联苯（总量）	2×1 000 mL 棕色 G	4 ℃冷藏	7 d（提取），40 d
75	邻苯二甲酸二（2-乙基己基）酯	2×1 000 mL 棕色 G	4 ℃冷藏	7 d（提取），40 d
76	2，4，6-三氯酚	2×1 000 mL 棕色 G	4 ℃冷藏	7 d（提取），40 d
77	五氯酚	2×1 000 mL 棕色 G	4 ℃冷藏	7 d（提取），40 d
78	六六六（总量）	2×1 000 mL 棕色 G	4 ℃冷藏	7 d（提取），40 d

续表

序　号	检测指标	采样容器和体积	保存方法	保存时间
79	γ-六六六(林丹)	2 × 1 000 mL 棕色 G	4 ℃冷藏	7 d(提取),40 d
80	滴滴涕(总量)	2 × 1 000 mL 棕色 G	4 ℃冷藏	7 d(提取),40 d
81	六氯苯	2 × 1 000 mL 棕色 G	4 ℃冷藏	7 d(提取),40 d
82	七氯	2 × 1 000 mL 棕色 G	4 ℃冷藏	7 d(提取),40 d
83	2,4-滴	2 × 1 000 mL 棕色 G	4 ℃冷藏	7 d(提取),40 d
84	克百威	2 × 1 000 mL 棕色 G	4 ℃冷藏	7 d(提取),40 d
85	涕灭威	2 × 1 000 mL 棕色 G	4 ℃冷藏	7 d(提取),40 d
86	敌敌畏	2 × 1 000 mL 棕色 G	4 ℃冷藏	7 d(提取),40 d
87	甲基对硫磷	2 × 1 000 mL 棕色 G	4 ℃冷藏	7 d(提取),40 d
88	马拉硫磷	2 × 1 000 mL 棕色 G	4 ℃冷藏	7 d(提取),40 d
89	乐果	2 × 1 000 mL 棕色 G	4 ℃冷藏	7 d(提取),40 d
90	毒死蜱	2 × 1 000 mL 棕色 G	4 ℃冷藏	7 d(提取),40 d
91	百菌清	2 × 1 000 mL 棕色 G	4 ℃冷藏	7 d(提取),40 d
92	莠去津	2 × 1 000 mL 棕色 G	4 ℃冷藏	7 d(提取),40 d
93	草甘膦	2 × 1 000 mL 棕色 G	4 ℃冷藏	7 d(提取),40 d

注:① G—硬质玻璃瓶;P—聚乙烯瓶。② 对于无机检测指标,当采样容器、采样体积、保存方法和保存时间一致时,可采集一份样品供检测用。③ 45～66 号为挥发性有机物,同一份样品可完成上述指标分析,共采样 2 × 40 mL。④ VOA 棕色玻璃瓶指专用于挥发性有机物取样分析的玻璃瓶,可用于吹扫捕集自动进样器,配套内附聚四氟乙烯膜、取样针可直接刺穿取样的瓶盖。⑤ 67～83 号,86～92 号为极性比较小的半挥发性有机物,可以采用同一流程进行萃取测定,共采样 2 × 1 000 mL。⑥ 84～85 号为极性比较大的半挥发性有机物,可以采用同一流程进行萃取测定,共采样 2 × 1 000 mL。⑦ 93 号需衍生化,单独为一分析流程,采样量 2 × 1 000 mL。

附录 B

(资料性附录)

地下水质量检测指标推荐分析方法

地下水质量检测指标推荐分析方法见表 B. 1。

表 B.1　地下水质量检测指标推荐分析方法

序　号	检测指标	推荐分析方法
1	色	铂-钴标准比色法
2	嗅和味	嗅气和尝味法
3	浑浊度	散射法、比浊法
4	肉眼可见物	直接观察法
5	pH	玻璃电极法(现场和实验室均需检测)
6	总硬度	EDTA 容量法、电感耦合等离子体原子发射光谱法、电感耦合等离子体质谱法
7	溶解性总固体	105″C 干燥重量法、180″C 干燥重量法
8	硫酸盐	硫酸钡重量法．离子色谱法、EDTA 容量法、硫酸钡比浊法

续表

序号	检测指标	推荐分析方法
9	氯化物	离子色谱法、硝酸银容量法
10	铁	电感耦合等离子体原子发射光谱法、原子吸收光谱法、分光光度法
11	锰	电感耦合等离子体原子发射光谱法、电感耦合等离子体质谱法、原子吸收光谱法
12	铜	电感耦合等离子体质谱法、原子吸收光谱法
13	锌	电感耦合等离子体质谱法、原子吸收光谱法
14	铝	电感耦合等离子体原子发射光谱法、电感耦合等离子体质谱法
15	挥发性酚类	分光光度法、溴化容量法
16	阴离子表面活性剂	分光光度法
17	耗氧量(CODMn 法)	酸性高锰酸盐法、碱性高锰酸盐法
18	氨氮	离子色谱法、分光光度法
19	硫化物	碘量法
20	钠	电感耦合等离子体原子发射光谱法、火焰发射光度法、原子吸收光谱法
21	总大肠杆菌	多管发酵法
22	菌落总数	平皿计数法
23	亚硝酸盐	分光光度法
24	硝酸盐	离子色谱法、紫外分光光度法
25	氰化物	分光光度法、容量法
26	氟化物	离子色谱法、离子选择电极法、分光光度法
27	碘化物	分光光度法、电感耦合等离子体质谱法、离子色谱法
28	汞	原子荧光光谱法、冷原子吸收光谱法
29	砷	原子荧光光谱法、电感耦合等离子体质谱法、
30	硒	原子荧光光谱法、电感耦合等离子体质谱法、
31	镉	电感耦合等离子体质谱法、石墨炉原子吸收光谱法
32	铬(六价)	电感耦合等离子体质谱法、分光光度法
33	铅	电感耦合等离子体质谱法
34	总 α 放射性	厚样法
35	总 β 放射性	薄样法
36	铍	电感耦合等离子体质谱法
37	硼	电感耦合等离子体质谱法、分光光度法
38	锑	原子荧光光谱法、电感耦合等离子体质谱法
39	钡	电感耦合等离子体质谱法
40	镍	电感耦合等离子体质谱法
41	钴	电感耦合等离子体质谱法
42	钼	电感耦合等离子体质谱法

续表

序　号	检测指标	推荐分析方法
43	银	电感耦合等离子体质谱法、石墨炉原子吸收光谱法
44	铊	电感耦合等离子体质谱法
45	三氯甲烷	吹扫-捕集/气相色谱-质谱法顶空/气相色谱-质谱法
46	四氯化碳	
47	苯	
48	甲苯	
49	二氯甲烷	
50	1,2-二氯乙烷	
51	1,1,1-三氯乙烷	
52	1,1,2-三氯乙烷	
53	1,2-二氯丙烷	
54	三溴甲烷	
55	氯乙烯	
56	1,1-二氯乙烯	
57	1,2-二氯乙烯	
58	三氯乙烯	
59	四氯乙烯	
60	氯萃	
61	邻二氯苯	
62	对二氛苯	
63	三氯苹(总量)	
64	乙苯	
65	二甲苯(总量)	
66	苯乙烯	
67	2,4-二硝基甲苯	气相色谱-电子捕获检测器法 气相色谱-质谱法
68	2,6-二硝基甲苯	
69	萘	气相色谱-质谱法 高效液相色谱-荧光检测器-紫外检测器法
70	蒽	
71	荧蒽	
72	苯并(b)荧蒽	
73	苯并(a)芘	
74	多氯联苯(总量)	气相色谱-电子捕获检测器法 气相色谱-质谱法

续表

序号	检测指标	推荐分析方法
75	邻苯二甲酸二(2-乙基己基)酯	气相色谱-电子捕获检测器法 气相色谱-质谱法 高效液相色谱-紫外检测器法
76	2,4,6-三氯酚	
77	五氯酚	
78	六六六(总量)	气相色谱-电子捕获检测器法 气相色谱-质谱法
79	γ-六六六(林丹)	
80	滴滴涕(总量)	气相色谱-电子捕获检测器法 气相色谱-质谱法
81	六氯苯	
82	七氯	
83	2,4-滴	
84	克百威	液相色谱-紫外检测器法 液相色谱-质谱法
85	涕灭威	
86	敌敌畏	气相色谱-氮磷检测器法 气相色谱-质谱法 液相色谱-质谱法
87	甲基对硫磷	
88	马拉硫磷	
89	乐果	
90	毒死蜱	
91	百菌清	气相色谱-电子捕获检测器法 气相色谱-质谱法 液相色谱-质谱法
92	莠去津	
93	草甘膦	液相色谱-紫外检测器法 液相色谱-质谱法

注:① 45～66 号为挥发性有机物,可采用吹扫-捕集/气相色谱-质谱法或顶空/气相色谱-质谱法同时测定。② 67～83 号、86～92 号可采用气相色谱-质谱法同时测定。③ 83～92 号可采用液相色谱-质谱法同时测定。④ 草甘膦需要衍生化,应单独一个分析流程。

国家农田灌溉水质标准

〔国家环境保护局 1992-01-04　批准 1992-10-01 实施〕

为贯彻执行《中华人民共和国环境保护法》、防止土壤、地下水和农产品污染、保障人体健康，维护生态平衡，促进经济发展，特制订本标准。

1　主题内容与适用范围

1.1　主题内容

本标准规定了农田灌溉水质要求、标准的实施和采样监测方法。

1.2　适用范围

本标准适用于全国以地面水、地下水和处理后的城市污水及与城市污水水质相近的工业废水作水源的农田灌溉用水。

本标准不适用医药、生物制品、化学试剂、农药、石油炼制、焦化和有机化工处理后的废水进行灌溉。

2　引用标准

GB8978 污水综合排放标准

GB3838 地面水环境质量标准

CJ 18 污水排放城市下水道水质标准

CJ 25.1 生活杂用水水质标准

3　标准分类

本标准根据农作物的需求状况，将灌溉水质按灌溉作物分为三类：

3.1　一类：水作，如水稻，灌水量 800 米^3/（亩•年）

3.2　二类：旱作，如小麦、玉米、棉花等。灌溉水量 300 米^3/（亩•年）。

3.3　三类：蔬菜，如大白菜、韭菜、洋葱、卷心菜等。蔬菜品种不同，灌水量差异很大，一般为 200～500 米^3/（亩•茬）。

4　标准值

农田灌溉水质要求，必须符合表 1 的规定。

表 1 农田灌溉水质标准 mg/L

序号	作物分类标准值项目		水作	旱作	蔬菜
1	生化需氧量(BOD_5)	≤	80	150	80
2	化学需氧量(COD_{cr})	≤	200	300	150
3	悬浮物	≤	150	200	100
4	阴离子表面活性剂(LAS)	≤	5	8	5
5	凯氏氮	≤	12	30	30
6	总磷(以P计)	≤	5	10	10
7	水温(℃)	≤		35	
8	pH值	≤		5.5～8.5	
9	全盐量	≤	1 000(非盐碱土地区)2 000(盐碱土地区)有条件的地区可以适当放宽		
10	氯化物	≤		250	
11	硫化物	≤		1	
12	总汞	≤	0.001		
13	总镉	≤	0.005		
14	总砷	≤	0.05	0.1	0.05
15	铬(六价)	≤		0.1	
16	总铅	≤		0.1	
17	总铜	≤		1	
18	总锌	≤		2	
19	总硒	≤		0.02	
20	氟化物	≤	2.0(高氟区)3.0(一般地区)		
21	氰化物	≤		0.5	
22	石油类	≤	5	10	1
23	挥发酚	≤		1	
24	苯	≤		2.5	
25	三氯乙醛	≤	1	0.5	0.5
26	丙烯醛	≤		0.5	
27	硼	≤	1.0(对硼敏感作物,如:马铃薯、笋瓜、韭菜、洋葱、柑橘等) 2.0(对硼耐受性较强的作物,如小麦、玉米、青椒、小白菜、葱等) 3.0(对硼耐受性强的作物,如:水稻、萝卜、油菜、甘蓝等)		
28	粪大肠菌群数(个/L)	≤	10 000		
29	蛔虫卵数(个/L)	≤	2		

4.1 在以下地区,全盐量水质标准可以适当放宽。

4.1.1 具有一定的水利灌排工程设施,能保证一定的排水和地下水径流条件的地区;

4.1.2 有一定淡水资源能满足冲洗土体中盐分的地区。

4.2 当本标准不能满足当地环境保护需要时，省、自治区、直辖市人民政府可以补充本标准中未规定的项目，作为地方补充标准，并报国务院环境保护行政主管部门备案。

5 标准的实施与管理

5.1 本标准由各级农业部门负责实施与管理，环保部门负责监督。

5.2 严格按照本标准所规定的水质及农作物灌溉定额进行灌溉。

5.3 向农田灌溉渠道排放处理后的工业废水和城市污水，应保护其下游最近灌溉取水点的水质本标准。

5.4 严禁使用污水浇灌生食的蔬菜和瓜果。

6 水质监测

6.1 当地农业部门负责对污灌区水质、土壤和农产品进行定期监测和评价。

6.2 为了保障农业用水安全，在污水灌溉区灌溉期间，采样点应选在灌溉进水口上。化学需氧量(COD)、氰化物、三氯乙醛及丙烯醛的标准数值为一次测定的最高值，其他各项标准数值均指灌溉期多次测定的平均值。

6.3 本标准各项目的检测分析方法见表2。

表2 农田灌溉水质标准选配分析方法

序号	项目	测定方法	检测范围(mg/L)	注释	分析方法来源
1	生化需氧量(BOD_5)	稀释与接种法	3以上		GB 7488
2	化学需氧量(COD_{Cr})	重铬酸盐法	10～800		GB 11914
3	悬浮物	滤膜法	5以上	视干扰情况具体选用	GB 10911
4	阴离子表面活性剂(LAS)	亚甲基蓝分光光度法	0.05～2.0	本法测得为亚甲基盐活性物质(MBAS)，结果以LAS计	GB 7494
5	凯氏氮	浓硫酸—硫酸钾—硫酸铜消解—蒸馏—纳氏比色法	0.05～2.0	前处理后用纳氏比色法，测得为氨氮和有机氮之和	纳氏比色法采用GB 7479
6	总磷(以P计)	钼蓝比色法	0.025～0.6	结果为未过滤水样经消化处理后，测得为溶解的和悬浮的总和	
7	水温(℃)				
8	pH值	玻璃电极法			GB 6920
9	全盐量	重量法			
10	氯化物	硝酸银容量法	10以上	结果以Cl^-计	GB 5750
		硝酸汞容量法	可测至10以下		

续表

序号	项目	测定方法	检测范围（mg/L）	注释	分析方法来源
11	硫化物	预处理后用对氨基二甲基苯胺光度法	0.02～0.8	结果以 S^{2-} 计	
		预处理后用碘量法	≥1		
12	总汞	冷原子吸收光度法	检出下限	包括无机或有机结合的可溶和悬浮的全部汞	GB 7468
		高锰酸钾一过硫酸钾消解法	0.000 1		
		高锰酸钾一过硫酸钾消解一双流腙比色法	0.002～0.04		GB 7469
13	总镉	原子吸收分光光度法（螯合萃取法）	0.001～0.5	经酸消解处理后，测得水样中的总镉量	GB 7475
		双硫腙分光光度法	0.001～0.05		GB 7471
14	总砷	二乙基二硫代氨基甲酸银分光光度法	0.007～0.5	测得为单体形态、无机或有机物中元素砷的总量	GB 7485
15	铬（六价）	二苯碳酰二肼分光光度法	0.004～1.0		GB 7467
16	总铅	原子吸收分光光度法		经酸消解处理后，测得水样中的总铅量	GB 7475
		直接法	0.2～10		
		螯合萃取法	0.01～0.2		GB 7470
		双硫腙分光光度法	0.01～0.30		
17	总铜	原子吸收分光光度法		未过滤的样品经消解后测得的总铜量，包括溶解的和悬浮的	GB 7475
		直接法	0.05～5		
		螯合萃取法	0.001～0.05		
		二乙基二硫代氨基甲酸钠（铜试剂）分光光度法	检出下限 0.003（3 cm 比色皿）0.02～0.07（1 cm 比色皿）		
18	总锌	双硫腙分光光度法	0.005～0.05	经消化处理测得的水样中总钭量	GB 7472
		原子吸收分光光度法	0.05～1		GB 7475
19	总硒	二氨基联苯胺比色法	检出下限 0.01		GB 5750
		荧光分光光度法	检出下限 0.001		
20	氟化物	氟试剂比色法	0.05～1.8	结果以 F^{-} 计	GB 7482
		茜素磺酸锆目视比色法	0.05～2.5		
		离子选择性电极法	0.05～1 900		GB 7484
21	氰化物	异烟酸一吡啶啉酮比色法	0.004～0.25	包括全部简单氰化物和绝大部分络合氰化物，不包括钴氰络合物	GB 7486
		吡啶一巴比妥酸比色法	0.002～0.45		
22	石油类	紫外分光光度法	0.05～50		（1）（2）（3）

续表

序　号	项　目	测定方法	检测范围(mg/L)	注　释	分析方法来源
23	挥发酚	蒸馏后4-氨基安替比林分光光度法(氯仿萃取法)	0.002～6		GB 7490
24	苯	气相色谱法	0.005～0.1		GB 11937
		二硫化碳萃取气相色谱法	0.05～12		
25	三氯乙醛	气相色谱法	最低检出值为 3×10^{-5} μg	适用于农药、化工厂污水测定	(1)(2)(3)
		吡唑啉酮光度法	0.02～5.6 μg/mL	适用于测定城市混合污水	
26	丙烯醛	气相法色谱法	最小检出浓度 0.1		GB 11934
27	硼	姜黄素比色法	0.02～1.0	结果以B计	注中a.，b.，c.
		甲亚胺-H酸光度法	0.03～5.0		
28	粪大肠菌群数(个/L)	多管发酵法		适用于各种水样	GB 5750
		滤膜法			
29	蛔虫卵数(个/L)	吐温-80柠檬酸缓冲液离心沉淀集卵法			注中d.

注：分析方法来源中，未列出国标的，暂时采用下列方法，待国家标准方法发布后，执行国家标准。

a. APHA(美国公共卫生协会)、AWWA(美国自来水厂协会)和WEF(水环境协会)编．水和废水标准检验方法(第15版)[M]．宋仁元，张亚杰译．北京：中国建筑工业出版社，1985.

b. 日本规格协会(JSA)编．环境污染标准分析方法手册[M]．吴锦，宇振光，等译．北京：中国环境科学出版社，1987.

c. 国家环境保护总局《水和废水监测分析方法》编委会．水和废水监测分析方法(第3版)[M]．北京：中国环境科学出版社，1989.

d. 何晓青．卫生防疫检验[M]．上海：上海科技出版社，1964.

参考文献

[1] Li J, Tan S, Wei Z, et al. A new method of change point detection using variable fuzzy sets under environmental change[J]. Water Resources Management, 2014, 28(14): 5 125-5 138.

[2] Wang Y, Wang D, Wu J. A variable fuzzy set assessment model for water shortage risk: two case studies from China[J]. Human & Ecological Risk Assessment An International Journal, 2011, 17(3): 631-645.

[3] Wang X J, Zhao R H, Hao Y W. Flood control operations based on the theory of variable fuzzy sets[J]. Water Resources Management, 2011, 25(3): 777-792.

[4] Chen S, Yu G. Variable fuzzy sets and its application in comprehensive risk evaluation for flood-control engineering system[J]. Fuzzy Optimization & Decision Making, 2005, 5(2): 153-162.

[5] 李祚泳,汪嘉杨,程会珍. 基于免疫进化算法优化的地下水水质评价普适公式[J]. 水科学进展,2008,19(5):707-713.

[6] 韩晓刚,黄廷林,陈秀珍. 改进的模糊综合评价法及在给水厂原水水质评价中的应用[J]. 环境科学学报,2013,33(5):1 513-1 518.

[7] 沈珍瑶,杨志峰,曹瑜. 环境脆弱性研究述评[J]. 地质科技情报,2003,22(3):91-94.

[8] Loboferreira J. P., Oliveira M. M. Drastic groundwater vulnerability mapping of Portugal. Groundwater ASCE, 1997[C].

[9] Paulo J, Ferreira L. Gis and mathematical modelling for the assessment of groundwater vulnerability to pollution: application to two chinese case-study areas, 2000[C].

[10] 杨庆,栾茂田. 地下水易污性评价方法——DRASTIC指标体系[J]. 水文地质工程地质,1999(2):4-9.

[11] 孙才志,林山杉. 地下水脆弱性概念的发展过程与评价现状及研究前景[J]. 吉林地质,2000,19(1):30-36.

[12] 付素蓉,王焰新,蔡鹤生,等. 城市地下水污染敏感性分析[J]. 地球科学-中国地质大学学报,2000,25(5):482-486.

[13] 邹胜章,梁彬,陈宏峰,等. EPIK法在表层岩溶带水脆弱性评价中的应用——以洛塔为例:岩溶地区水、工、环及石漠化问题学术研讨会,2007[C].

[14] 马金珠. 塔里木盆地南缘地下水脆弱性评价[J]. 中国沙漠,2001,21(2):170-174.

[15] 朱党生,张建永,程红光,等. 城市饮用水水源地安全评价(Ⅰ):评价指标和方法[J]. 水利学报,2010,41(7):778-785.

[16] 张韵，李崇明，封丽，等. 重庆市水库型饮用水源地水质安全评价 [J]. 长江科学院院报，2010，27(10)：19-22.

[17] 王丽红，王启田，王开章，等. 城市地下水饮用水水源地安全评价体系研究 [J]. 地下水，2007，29(6)：99-102.

[18] 赵天石. 关于地下水库几个问题的探讨 [J]. 水文地质工程地质，2002，29(5)：65-67.

[19] 杜汉学，常国纯，张乔生，等. 利用地下水库蓄水的初步认识 [J]. 水科学进展，2002，13(5)：618-622.

[20] 徐建国，卫政润，张涛，等. 环渤海山东地区地下水库建设条件分析 [J]. 地质调查与研究，2004，27(3)：197-202.

[21] 郝竹青，王卫山，滕尚军. 山东省莱州市王河地下水库效益分析 [J]. 水利发展研究，2005，5(4)：44-45.

[22] 温洪启，胡萌，何鹏. 青岛市大沽河地下水资源量研究 [J]. 治淮，2017(7)：9-10.

[23] 方运海，郑西来，彭辉，王欢. 基于模糊综合与可变模糊集耦合的地下水质量评价 [J]. 环境科学学报，2018，38(2)：546-552.

[24] 岳玲莉. 大沽河流域污染源解析及物质输出对胶州湾水质影响的研究 [D]. 中国海洋大学，2016.

[25] 陈守煜，伏广涛，周惠成，等. 含水层脆弱性模糊分析评价模型与方法 [J]. 水利学报，2002，33(7)：23-30.

[26] 第一次全国水利普查青岛市领导小组. 青岛市第一次水力普查总体报告 [M]. 2012.

[27] 周祖光. 海南岛水生态系统服务功能价值评价 [J]. 水利经济，2005，23(5)：11-13.

[28] 樊旭，孟灵芳，刘翠，等. 高邮湖生态服务功能价值评估 [J]. 水利经济，2015，33(1)：14-17.

[29] 李传奇，张保祥，孟凡海. 滨海地下水库功能的价值评估 [J]. 人民黄河，2012，34(2)：47-48.

[30] 刘灵辉. 水库移民共享安置区土地资源补偿问题研究 [J]. 水利发展研究，2012，12(12)：44-48.

[31] 王以礼. 小岩头水电站建设征地上附着物的赔偿处理与启示 [J]. 云南水力发电，2011，27(5)：117-122.

[32] 李景保，代勇，殷日新，等. 三峡水库蓄水对洞庭湖湿地生态系统服务价值的影响 [J]. 应用生态学报，2013，24(3)：809-817.

[33] 王辉，许学工. 滨海平原地下水库效益评估 [J]. 水资源与水工程学报，2015，26(5)：13-19.

[34] 张绪良，叶思源，印萍，等. 莱州湾南岸滨海湿地的生态系统服务价值及变化 [J]. 生态学杂志，2008，27(12)：2 195-2 202.

[35] 李兴云，刘辉，胡晓燕，等. 大沽河水源地保护对策的建议 [J]. 水资源保护，

1996(3):60-62.

[36] 李传奇,张保祥,孟凡海. 滨海地下水库功能的价值评估 [J]. 人民黄河,2012,34(2):47-48.

[37] 杨楠楠. 水利工程对青岛大沽河地下水水量影响及硝酸盐污染预测 [D]. 中国海洋大学,2013.

[38] 王辉. 滨海平原地下水库效益评估 [J]. 水资源与水工程学报,2015.

[39] 周全明,李其春,孙万义. 浅析地下水库对大沽河水源地的保护作用 [J]. 山东水利,2003(3):38.

[40] 南焱. 南水北调东线遭遇高水价难题 [J]. 中国经济周刊,2014(2):30-33.

[41] 朱党生,张建永,程红光,等. 城市饮用水水源地安全评价(Ⅰ):评价指标和方法 [J]. 水利学报,2010,41(7):778-785.

[42] 吴健峰. 基于模糊规则的现代教学评价的研究与实现 [D]. 华东师范大学,2008.

[43] 张丽娜. AHP-模糊综合评价法在生态工业园区评价中的应用 [D]. 大连理工大学,2006.

[44] 陈海素. 基于 AHP 和模糊评判法的土地利用总体规划实施评价研究——以福清市为例 [D]. 福建师范大学,2008.

[45] 徐泽水. 模糊互补判断矩阵排序的一种算法 [J]. 系统工程学报,2001,16(4):311-314.

[46] 刘博. 城镇地下水水源地安全评价方法及应用 [D]. 吉林大学,2015.

[47] 田智慧,高胜超. 基于熵权的模糊综合评判法在地表水水质评价中的应用 [J]. 安徽师范大学学报(自然科学版),2012(01):63-66.

[48] 陈守煜. 工程模糊集理论与应用 [M]. 北京:国防工业出版社,1998.

[49] 胡永宏,贺思辉. 综合评价方法 [M]. 北京:科学出版社,2000.